U0163202

LED 器件的原理及应用

周敏彤 吴 丹 陈 蕾 编著

苏 州 大 学 出 版 社

图书在版编目(CIP)数据

LED 器件的原理及应用 / 周敏彤，吴丹，陈蕾编著
.—苏州：苏州大学出版社，2020.8
ISBN 978-7-5672-3253-2

Ⅰ.①L… Ⅱ.①周… ②吴… ③陈… Ⅲ.①发光二
极管－照明－研究 Ⅳ.①TN383

中国版本图书馆 CIP 数据核字(2020)第 130498 号

LED 器件的原理及应用

周敏彤 吴 丹 陈 蕾 编著

责任编辑 周建兰

苏州大学出版社出版发行
(地址：苏州市十梓街 1 号 邮编：215006)
宜兴市盛世文化印刷有限公司印装
(地址：宜兴市万石镇南漕河滨路 58 号 邮编：214217)

开本 787 mm×1 092 mm 1/16 印张 12.75 字数 278 千
2020 年 8 月第 1 版 2020 年 8 月第 1 次印刷
ISBN 978-7-5672-3253-2 定价：36.00 元

前　言 QIANYAN······

　　光给人类带来了缤纷与色彩，带来视觉与认知，光是生命之必须，它是一切动植物、细菌或单细胞生物体生命历程中不可或缺的存在。人类发展史是伴随着对于光与光源的利用与发现、认知与创造的历史。太阳带来了自然的光明与温暖，人们还发明了火把、油灯、白炽灯等人工光源。伴随着文明的进步，自然或人工光的应用早已不再局限于照明，还用于光影的创造、装饰与显示。这样的追寻与拓展的新近实例之一便是近一个世纪之前，人们在发现了电致发光现象后不久发明的发光二极管（LED，light emitting diode）。

　　然而，LED 真正给世界带来改变是在 20 世纪 60 年代之后。从那时起，随着材料、半导体及其他相关领域科学技术的进步，在短短几十年期间，LED 经历了巨大的发展：光线从单色转变为真彩色，亮度从低亮转变为高亮、超高亮，使用寿命大幅延长，市场规模获得巨大扩张。自 LED 诞生以来，几乎是每 10 年亮度增加 20 倍，价格下降到原来价格的 1%。物美价廉的 LED 产品的不断丰富与性能的日臻完善，广泛地影响了人类社会的许多领域。LED 技术在照明领域的影响尤为显著，与传统照明技术相比，它具有强大的优势和竞争力。LED 作为高效固态发光光源，被称为第四代照明光源、绿色光源，广泛应用于现代资讯、通信设施、家电照明、交通信号灯、景观装饰灯、汽车照明、显示面板、数码照相或摄像机以及生物医疗等众多领域中。与白炽灯泡和节能灯相比，LED 具有效率高、价格低、使用寿命长等诸多优点。例如，LED 的耗电量仅为白炽灯的 1/10 和节能灯的 1/4；发光效率则可高达 249lm/w，约为荧光灯的 4 倍，寿命可达 100 000 小时。同时，LED 技术与产品也更显环境友好，仅使用 1/1 000 的稀土元素，比传统节能灯的使用量小得多，也不含汞蒸气等有害物质。LED 的开发是继白热灯照明发展历史 120 年以来的第二大革命。因此，它的出现被认为是 21 世纪最具发展前景的高新技术领域之一。

　　本书从实用的角度出发，向读者呈现 LED 应用与设计中必需的基础知识、方法与技术；从设计人员的视角出发，分析应用中会遇到的一些问题以及它们的解决方法；帮助读者从各类 LED 器件与技术中选择符合实际工程应用需求的方案。

　　全书共分 7 章，分别介绍了 LED 器件的材料、结构、物理特性等一些基础知识，选取了 LED 器件两种比较典型的应用场景：LED 照明源和 LED 显示屏，较全面地分析了 LED 器件在这两种应用中的设计要求，给出了驱动电路的设计方法与具体实例。

第 1 章对 LED 的基础知识、基本性能参数、发光原理、常用材料和结构特点等做了比较详细的介绍。第 2 章是本书的重点内容之一，讨论了电阻限流、恒流源以及脉冲宽度调制三种方法来驱动单个 LED 的方法，它们也是所有 LED 器件应用驱动电路的设计与技术基础。第 3、第 4 章介绍的内容与 LED 器件作为电光源在照明设备中的应用有关，第 3 章介绍单个照明设备中的 LED 电光源的组成以及驱动电路设计，第 4 章介绍在 LED 照明大规模应用中，如何构成智能照明网络系统，包括 LED 电光源网络的建立、对网络中的 LED 电光源进行远程控制和管理等内容。第 5、第 6 章介绍了 LED 显示屏的驱动电路设计，详细讨论了完整且可复现的 LED 显示屏应用实例。第 7 章给出了若干使用单片机对 LED 器件进行控制的应用实例。

本书涉及物理、光学、电子技术、计算机技术和物联网技术等相关学科，可用作高等学校有关专业相关课程的综合应用实践指导教材或课程设计教材。为让尽可能多的读者获益，本书对物理学方面理论深度作了适当控制，仅限于理解 LED 应用系统所必须的基础知识。相对强化了 LED 器件的电学特性、光学特性对电路设计的影响以及驱动电路的分析与介绍，并给出了 LED 器件的一些应用实例，由浅入深，循序渐进，便于学生或其他读者的阅读和理解。本书也可以作为 LED 领域工程技术人员的参考用书。

本书由周敏彤、吴丹、陈蕾编著，邱国平也参与了部分工作，最后全书由周敏彤统稿。在编写本书的过程中，邹丽新教授和施国梁副教授阅读了初稿，并提出了许多宝贵的建议，在此表示诚挚的感谢。

限于作者水平，书中难免会有不妥之处甚至错误之处，恳请读者不吝赐教。

编　者
2020 年 5 月

目 录 MULU·····

LED 理论基础

本章介绍了 LED 的理论基础，包括 LED 发光原理、色度学原理、LED 性能参数、LED 常用材料、LED 光学结构设计以及世界各国的 LED 行业标准，可给高等院校相关专业的师生以及从事 LED 照明设计和应用的工程技术人员提供理论参考。

1.1　LED 发光原理

LED 即发光二极管，是利用半导体同质 PN 结、异质 PN 结、金属-半导体 （MS）结、金属-绝缘体-半导体（MIS）结制成的发光器件。其工作原理以及某些电学特性与一般晶体二极管相同，但使用的晶体材料不同。LED 包括可见光、不可见光、激光等不同类型，生活中常见的为可见光 LED。发光二极管的发光颜色取决于所用材料，目前有黄、绿、红、橙、蓝、紫、青蓝、白、全彩等多种颜色，可以制成长方形、圆形等各种形状。LED 具有寿命长、体小量轻、耗电量小、成本低等优点，且其工作电压低、发光效率高、发光响应时间极短、工作温度范围宽、光色纯、结构牢固（抗冲击、耐振动）、性能稳定可靠等特点，因此倍受人们的青睐。

LED 的发光体接近"点"光源（图 1.1），灯具设计较为方便，但若作为大面积显示时，电流和功耗都较大。LED 一般可用于电子设备的指示灯、数码管、显示板等显示器件和光电耦合器件，也常用于光通信以及建筑物轮廓、游乐园、广告牌、街道、舞台等场所的装饰。

图 1.1　LED 点光源

LED 点光源分为目标点光源（Target Point）和自由点光源（Free Point）两种类型。

- 目标点光源可用来向一个目标点投射光线，其光线的分布属性有各向同性（isotropic）、聚光灯（spotlight）和网状（web）三种。

- 自由点光源的功能和目标点光源一样，只是没有目标点，用户可自行变换灯光的方向。同样地，自由点光源也具有上述三种光度控制光线分布属性。

我们知道，发光是一种能量转换现象，当系统受到外界激发后，会从稳定的低能态跃迁到不稳定的高能态。当系统由不稳定的高能态重新回到稳定的低能态时，如果多余的能量以光的形式辐射出来，就会产生发光现象。半导体发光二极管利用注入PN结的少数载流子与多数载流子复合，从而发出可见光，它是一种直接把电能转化为光能的发光器件，如图 1.2 所示。

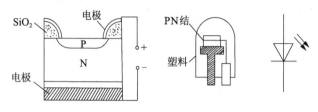

图 1.2　LED 的结构图与符号

LED 是一种固态的半导体器件，是由Ⅲ-Ⅳ族化合物，如 GaAs（砷化镓）、GaP（磷化镓）、GaAsP（磷砷化镓）等半导体材料制成的。例如，在Ⅳ族元素中掺杂 V 族元素，就形成导带中具有电子的 N 型材料；在Ⅳ族元素中掺入Ⅲ族元素，就能形成价带中有空穴的 P 型材料。若在硅晶体中一半掺杂 V 族元素，另一半掺杂Ⅲ族元素，则在两半之间的边界上形成一个 PN 结，如图 1.3 所示。它具有一般 PN 结的 I-U 特性，即正向导通，反向截止、击穿特性（图 1.4）。

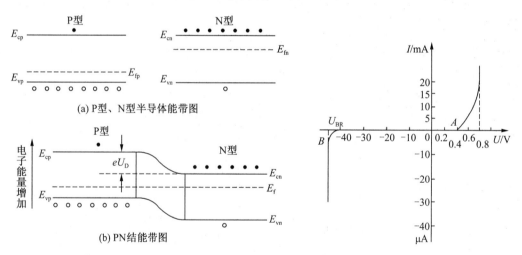

图 1.3　P 型、N 型半导体和 PN 结能带图　　**图 1.4　PN 结伏安特性曲线**

当给发光二极管的 PN 结加上正向电压时，外加电场将削弱内电场，使结区变窄，载流子的扩散运动加强，由于电子的迁移率总是远大于空穴的迁移率，因此电子由 N 区扩散到 P 区，是载流子扩散运动的主体。当导带中的电子与价带中的空穴复合时，电子由高能态跃迁到低能态，电子将多余的能量以发射光子的形式释放出来，产生电致发光现象，而光线的波长、颜色跟其所采用的半导体材料种类与故意渗入的元素杂质有关。发光二极管辐射光的峰值波长取决于材料的禁带宽度 E_g，即

$$\lambda = \frac{1.24}{E_{\mathrm{g}}(\mathrm{eV})}\mu\mathrm{m} \tag{1.1}$$

由于不同材料的禁带宽度不同，故电子和空穴所占的能级也有所不同。能级的高低差影响电子和空穴复合后光子的能量，从而产生不同波长的光，也就是不同颜色的光。所以由不同材料制成的发光二极管可发出不同波长的光，像荧光灯一样，由于 LED 的出射光为位于可见光光谱范围内的窄带光，所以看上去是有颜色的，如红、橙、黄、绿等可见光。要使它变成接近自然光的白光，还需将出射的窄带有色光转化成占满整个可见光光谱的白光。现在已有红、黄、绿及蓝等颜色的 LED，但由于材料及制造工艺等原因，成本有所高低。

1.2　色度学原理

1. 色度坐标

LED 光源发出的光之所以能够展现出不同的颜色，是因为光的波长不同，人们通常会利用色度图和颜色匹配函数来对颜色进行评估和定量。光通量变化也会让人感觉到颜色稍有不同。因此，人们对颜色的感觉在某种程度上来说是主观的。

1931 年，国际照明委员会（CIE）将色度图以及颜色匹配的测量进行了标准化，如图 1.5 所示。

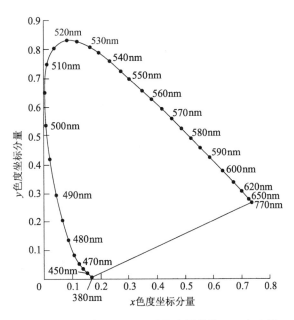

图 1.5　1931 年国际照明委员会提供的 y-x 色度图

色度匹配函数与色度图并非是唯一的，目前常用的是 1931 年发布的色度图。设一个固定波长的光功率密度为 $P(\lambda)$，则能够与之相匹配的颜色激发比例可通过下面的式子得出：

$$X = \int \bar{x}(\lambda)P(\lambda)\mathrm{d}\lambda \tag{1.2}$$

$$Y = \int \bar{y}(\lambda)P(\lambda)\mathrm{d}\lambda \tag{1.3}$$

$$Z = \int \bar{z}(\lambda)P(\lambda)\mathrm{d}\lambda \tag{1.4}$$

其中，X，Y，Z 分别是 R，G，B 三基色的权重，因此，位于色度图中的每个颜色都可以用 x，y 坐标的形式来表示：

$$x = \frac{X}{X+Y+Z} \tag{1.5}$$

$$y = \frac{Y}{X+Y+Z} \tag{1.6}$$

由上式可知，光的色彩坐标是单色光的坐标线性组合。任何颜色都可以由红、绿、蓝三原色以适当的比例混合调制而成。其中坐标 x 代表红原色的比例，坐标 y 代表绿原色的比例，坐标 z 代表蓝原色的比例，坐标 z 可以由 $z=1-x-y$ 推出。

LED 显示器件发出的光同样满足 CIE 色度匹配，其发光颜色可以在色度图上找到对应的位置。不同材料制成的 LED 显示器件对应的颜色在色度图上的位置如图 1.6(a)所示。

研究表明，通过三色 LED 进行调制的全彩图像，其色域范围已经超过 NTSC（国家电视标准委员会）标准，如图 1.6(b)所示。

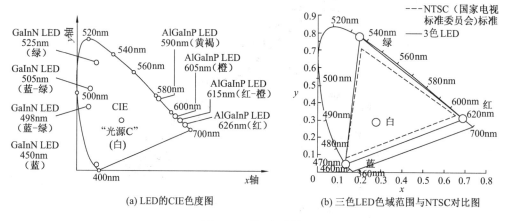

(a) LED的CIE色度图　　　　(b) 三色LED色域范围与NTSC对比图

图 1.6　CIE 色度图

2. LED 的色温

衡量光源光色的尺度是色温，单位是 K。我们可通过对比光源的光色和理论的黑体辐射体的光色来确定光源的色温。当一个光源的色坐标与黑体在某温度之下的色坐标相近或者相同，此时黑体的温度就被称为该光源的色温。可以用黑体辐射轨迹（普朗克曲线）来确定黑体的温度，如图 1.7 所示。

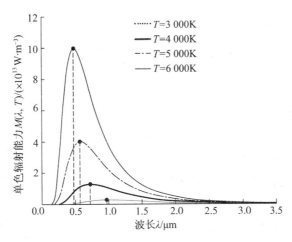

图 1.7　不同温度下黑体的单色辐射出射度（辐射亮度）随波长的变化曲线

　　色温是评价光源色度特性的一个重要指标，是用来表征光色的，表 1.1 显示了常用光源的色温。相同色温的光源只能够说明具有相同的光色，而它们的光谱可以有很大的差异。色温低的光源在光谱分布中有相对多的红光辐射，通常被称为"暖光"；色温高的光源则会具有相对多的蓝光辐射，通常被称为"冷光"，如图 1.8 所示。

表 1.1　常用光源的色温

光源	色温/K	光源	色温/K
火柴光	1 700	卤钨灯	3 200 左右
蜡烛光	1 850	镝灯	5 500
白炽灯（100～250W）	2 600～1 900	白炽灯/500W	2 900

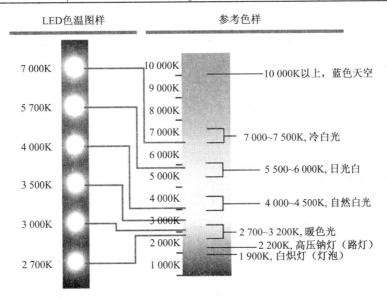

图 1.8　LED 参考色温

1.3 LED 性能参数

1. LED 伏安特性

LED 是 PN 结二极管的一种，其伏安特性曲线如图 1.9 所示，具有非线性、整流性质和单向导电性，即外加正偏压表现为低接触电阻，反之，表现为高接触电阻。

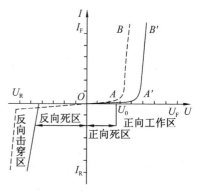

图 1.9　伏安特性曲线

（1）正向死区（图中 OA 或 OA′段）：A 点对应的 U_0 为开启电压，当 $U<U_0$，外加电场尚不能克服因载流子扩散而形成势垒电场，此时 R 很大；开启电压对于不同 LED 其值不同，如 GaAs 为 1V，红色 GaAsP 为 1.2V，GaP 为 1.8V，GaN 为 2.5V。

（2）正向工作区：电流 I_F 与外加电压呈指数关系，即 $I_F=I_S(e^{qU_F/KT}-1)$。其中，I_S 为反向饱和电流。当 $U>0$ 时，$U>U_F$ 的正向工作区 I_F 随 U_F 指数上升，其关系式为 $I_F=I_Se^{qU_F/KT}$。

（3）反向死区：当 $U<0$ 时，PN 结加反偏压，外加反向电压不超过一定范围时，通过二极管的电流是少数载流子漂移运动所形成的反向电流。由于反向电流很小，二极管处于截止状态。这个反向电流又称为反向饱和电流或漏电流，二极管的反向饱和电流受温度影响很大。一般硅管的反向饱和电流比锗管小得多，小功率硅管的反向饱和电流在纳安数量级，小功率锗管的反向饱和电流在微安数量级。温度升高时，半导体受热激发，少数载流子数目增加，反向饱和电流也随之增加。

（4）反向击穿区：$U<-U_R$，U_R 称为反向击穿电压；U_R 电压对应的 I_R 为反向漏电流。当反向偏压一直增加，使 $U<-U_R$ 时，则 I_R 突然增加，二极管出现击穿现象。由于所用化合物材料种类不同，各种 LED 的反向击穿电压 U_R 也不同。

2. LED 时间响应

响应时间表征某一显示器跟踪外部信息变化的快慢。现有的几种显示器的显示时间为：LCD（液晶显示）约 $10^{-3}\sim10^{-5}$ s，CRT、PDP、LED 都达到 $10^{-6}\sim10^{-7}$ s（μs 级）。

从使用角度来看，响应时间就是 LED 点亮与熄灭所延迟的时间，即图 1.10 中的 t_r（接通电源使发光亮度达到正常的 10% 开始，一直到发光亮度达到正常值

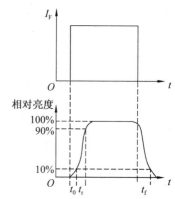

图 1.10　响应时间曲线

的 90% 所经历的时间)、t_f(正常发光减弱至原来的 10% 所经历的时间)。图中 t_0 值很小,可忽略不计。响应时间主要取决于载流子的寿命、器件的结电容及电路阻抗。

不同材料制得的 LED 响应时间各不相同,如 GaAs、GaAsP、GaAlAs 其响应时间小于 10^{-9} s,GaP 为 10^{-7} s。因此,它们可用于 $10 \sim 100\mathrm{MHz}$ 高频系统。

3. LED 的发光亮度与电流的关系

由于 LED 所激发的光子数与向它注入的电子数成正比,所以 LED 的光辐射能是与流经它的电流成正比的。另一方面,它产生的热量也是与注入的电流成正比的。更糟的是,随着热量的增加,LED 的电光转换效率会随之变低。典型的 LED 电光转换曲线如图 1.11 所示,如果电流过大,造成的发热量太大,则该曲线的上部可能会向下弯曲。尽管如

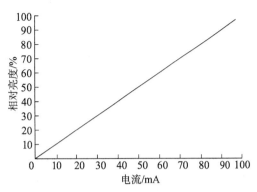

图 1.11　LED 器件的电流-亮度曲线

此,大多数情况下,只要发热不是太严重,可以近似地认为 LED 的辐射通量与注入的电流成正比。

4. LED 光学特性

发光二极管有红外(非可见)与可见光两个系列,前者可用辐射度来量度其光学特性,后者可用光度学来量度其光学特性。常用辐射度和光度量之间的对应关系详见表 1.2。

表 1.2　常用辐射度和光度量之间的对应关系

辐射度				对应的光度量			
物理量名称	符号	定义式	单位	物理量名称	符号	定义式	单位
辐射能	Q		J	光量	Q_v	$Q_v = \int \Phi_v \mathrm{d}t$	lm・s
辐射通量	Φ	$\Phi = \dfrac{\mathrm{d}Q}{\mathrm{d}t}$	W	光通量	Φ_v	$\Phi_v = \int I_v \mathrm{d}\Omega$	lm
辐射出射度	M	$M = \dfrac{\mathrm{d}\Phi}{\mathrm{d}S}$	W/m²	光出射度	M_v	$M_v = \dfrac{\mathrm{d}\Phi_v}{\mathrm{d}S}$	lm/m²
辐射强度	I	$I = \dfrac{\mathrm{d}\Phi}{\mathrm{d}\Omega}$	W/sr	发光强度	I_v	基本量	cd
辐射亮度	L	$L = \dfrac{\mathrm{d}I}{\mathrm{d}S\cos\theta}$	W/(sr・m²)	(光)亮度	L_v	$L_v = \dfrac{\mathrm{d}I_v}{\mathrm{d}S\cos\theta}$	cd/m²
辐射照度	E	$E = \dfrac{\mathrm{d}\Phi}{\mathrm{d}A}$	W/m²	(光)照度	E_v	$E_v = \dfrac{\mathrm{d}\Phi_v}{\mathrm{d}A}$	lx

(1)法向光强及其角分布。

发光强度(法向光强)是表征发光器件发光强弱的重要物理量。LED 大量应用于圆柱、圆球封装,由于凸透镜的作用,故都具有很强的指向性,位于法向方向的光强最大,其与水平面的交角为 90°。当偏离正法向不同 θ 角度,光强也随之变化。发

光强度随着封装形状的不同而不同，并且强度依赖角方向，如图 1.12 所示。发光强度的角分布是描述 LED 在空间各个方向上的光强分布。它主要取决于封装的工艺（包括支架、模粒头、环氧树脂中添加散射剂与否）。LED 发光的指向性可以用半角值表示，半角值是指光强等于峰值光强一半时所夹的角。要提高 LED 的指向性，可采取如下措施：使 LED 管芯位置离模粒头远些；使用圆锥状（子弹头）的模粒头；封装的环氧树脂中勿加散射剂。半值角越小，指向性越强。LED 按其半值角大小，可分为以下几种。

• 高指向性 LED，一般为尖头环氧树脂封装，或带金属反射腔封装，不加散射剂，半角值为 5°～20°或更小，用在局部照明或自动检测系统中，以便让光线对准所检测物体。

• 标准型 LED，半值角为 20°～45°，用作指示灯。

• 散射型 LED，半值角为 45°～90°或更大，添加的散射剂剂量较大。

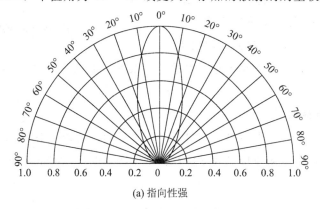

(a) 指向性强

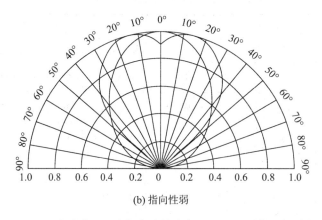

(b) 指向性弱

图 1.12　LED 光强在不同空间角度的分布图（0～1.0 表示相对光强值）

（2）LED 的光谱特性。

发光光谱是指发光的相对强度（或能量）随波长（或频率）变化的分布曲线。它直接决定着 LED 的发光颜色并影响它的照明效率。发射光谱的形成由材料的种类性质以及发光中心的结构决定，而与器件的几何形状和封装方式无关。LED 发光强度或光功率输出随着波长的变化而变化，它们之间的关系可绘成一条分布曲线，即光谱分布曲线。当此曲线确定之后，器件的有关主波长、纯度等相关色度学参数亦随之而定。

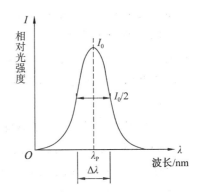

描述光谱分布的两个主要参量是它的峰值波长和光谱半宽度（简称半宽度）。LED 发出的光并不是单一波长，其波长分布如图 1.13 所示。

LED 波长分布的对称性取决于 LED 所使用的材料种类及结构等因素。尽管不同 LED 的光谱分布曲线位置和形状不同，但都有一个相对发光强度最大处。与相对发光强度峰值对应的波长称为峰值波长（用 λ_p 表示）。事实上，只有单色光才有峰值波长。

图 1.13　LED 波长分布

发光强度降为原来的一半，所对应的谱线宽度叫光谱半宽度，也称半功率宽度，用 $\Delta\lambda$ 表示。半宽度反映谱线宽窄，即 LED 单色性的参数，$\Delta\lambda$ 越小，光谱单色性越好。LED 半宽度小于 40nm。

LED 的光谱分布与制备所用化合物半导体种类、性质及 PN 结结构（外延层厚度、掺杂杂质）等有关，而与器件的几何形状、封装方式无关。图 1.14 绘出几种由不同化合物半导体及掺杂制得的 LED 光谱响应曲线。

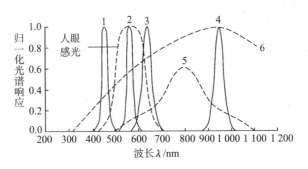

图 1.14　LED 光谱分布曲线

由图 1.14 可见，无论由什么材料制成的 LED，都有一个相对光强最强处（光输出最大），与之相对应有一个峰值波长 λ_p。

1 是蓝色 InGaN/GaN 发光二极管，发光谱峰 $\lambda_p = 460 \sim 465$nm；

2 是绿色 GaP:N 的 LED，发光谱峰 $\lambda_p = 550$nm；

3 是红色 GaP:ZnO 的 LED，发光谱峰 $\lambda_p = 680 \sim 700$nm；

4 是红外 LED（使用 GaAs 材料），发光谱峰 $\lambda_p = 950$nm；

5 是 Si 光电二极管，通常做光电接收用。

6 是红外 LED 使用砷铝化镓 GaAlAs，发光谱峰 $\lambda_p = 950$mm。

（3）光通量。

光通量是表征 LED 总光输出的辐射能量，它标志器件的性能优劣。光通量是 LED 向各个方向发光的能量之和，它与工作电流直接有关。随着电流增加，LED 光通量随之增大。可见光 LED 的光通量的国际单位为流明（lumen，符号 lm）。

LED 向外辐射的功率，即光通量与芯片材料、封装工艺水平及外加恒流源大小有关。目前单色 LED 的光通量最大约 1 lm，白光 LED 的光通量为 $1.5\sim1.8$ lm（小芯片），对于用 $1\,mm\times1\,mm$ 的功率级芯片制成的白光 LED，其光通量为 18 lm。

（4）发光效率、视觉灵敏度。

LED 效率有内部效率（PN 结附近由电能转化成光能的效率）与发光效率（外量子效率）。内部效率用来分析和评价芯片的优劣。LED 光电特性最重要的发光效率是指辐射出的光能（发光量）与输入电能之比。为了提高 LED 的发光效率，主要着眼于提高芯片的出光效率，可采用双反射（DR）和分布式布拉格反射（DBR）封装结构、倒装芯片技术和表面粗糙化纹理结构等。以采用表面粗糙化纹理结构为例，可以将 InGaAlP LED 的外量子效率提高到普通 InGaAlP LED 芯片的两倍。

流明效率即是发射的光通量（以流明为单位）与激发时输入的电功率或被吸收的其他形式能量总功率之比。利用它可评价具有外封装的 LED 特性。LED 的流明效率高是指在同样外加电流下辐射可见光的能量较大，故也叫可见光发光效率。表 1.3 列出常见红光 LED 的流明效率（可见光发光效率）。

表 1.3　常见红光 LED 的流明效率

波长 λ_P /nm	材料	流明效率 /（lm/W）	外量子效率	
			最高值	平均值
700	GaP：ZnO	2.4	12%	1%～3%
660	GaAlAs	0.27	0.5%	0.3%
650	GaAsP	0.38	0.5%	0.2%

视觉灵敏度是使用照明与光度学中一重要参量。人眼感光的波长范围是 $380\sim760\,nm$。人眼的明视觉灵敏度在 $\lambda=555\,nm$ 处，如图 1.15 中虚线所示。暗视觉灵敏度在 $\lambda=507\,nm$ 处。

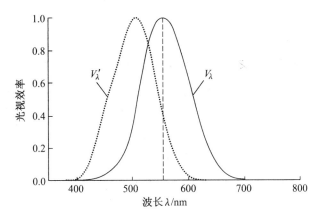

图 1.15　视觉灵敏曲线

（5）发光亮度 B_0。

亮度 B_0 是 LED 发光性能又一重要参数，具有很强的方向性。某方向上发光体表面亮度等于发光体表面上单位投射面积在单位立体角内所辐射的光通量，单位为 cd/m^2 或 nit（尼特，$1nit = 1cd/m^2$），其正法线方向的亮度 $B_0 = I_0/A$。其中 I_0 是发光强度，A 是单位面积。

若光源表面是理想漫反射面，亮度 B_0 与方向无关，为常数。晴朗的蓝天和荧光灯的表面亮度约为 $7\,000$ Nit（尼特），从地面看太阳表面亮度约为 1.4×10^9 Nit。

LED 亮度与外加电流密度 J_0 有关，一般的 LED 电流密度增加，B_0 也近似增大，如图 1.16 所示。另外，亮度还与环境温度有关，环境温度升高，复合效率下降，B_0 减小。当环境温度不变，电流增大，足以引起 PN 结结温升高，温升后，亮度呈饱和状态。

（6）寿命。

随着 LED 长时间地工作，其光强或光亮度逐渐衰减。器件老化程度与外加恒流源的大小有关，用公式可描述为

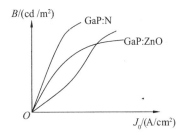

图 1.16　LED 亮度与外加电流密度关系图

$$B_t = B_0 e^{-t/\tau}$$

式中，B_t 为 t 时的亮度，B_0 为初始亮度。

通常把亮度降到 $B_t = \frac{1}{2} B_0$ 所经历的时间 t 称为二极管的寿命。测定 t 要花很长的时间，通常可用推算方法求得寿命。测量方法为：给 LED 通以一定恒流源，点燃 $10^3 \sim 10^4$ 小时后，先后测得 B_0，B_t（B_t 范围为 $1\,000 \sim 10\,000 cd/m^2$），代入 $B_t = B_0 e^{-t/\tau}$，求出 τ；再把 $B_t = \frac{1}{2} B_0$ 代入，可求出寿命 t。

5. LED 的热学特性

LED 的热学特性直接影响 LED 的工作温度、发光效率、发光波长、使用寿命

等，因此对功率型 LED 芯片的封装设计、制造技术则显得尤为重要。用热阻来衡量 LED 通过导热通道将热量从 PN 结导出的能力。热阻越低，表示散热性能越好。如图 1.17 所示，R_{j-sp} 表示从 PN 结（j）到焊点（sp）的热阻，热阻低，表示 PN 结（j）到焊点（sp）的温差小，散热性能好。

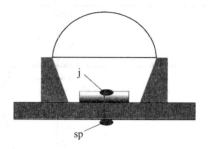

图 1.17　LED 结温示意图

一般来说，大部分 LED 芯片能承受的最高结温为 110℃～125℃。假如封装的热阻过大，则结温升高，会导致器件性能变差或损坏。同时，LED 结温升高，LED 相对光通量将下降。荧光粉在高温下转换效率下降，白光 LED 光通量下降得更加厉害，如图 1.18 所示。

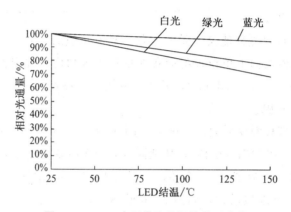

图 1.18　LED 光通量和结温的关系曲线

结温 T_j 影响 LED 的使用寿命，由图 1.19 可见，T_j 升高 10℃，寿命缩短近一半。

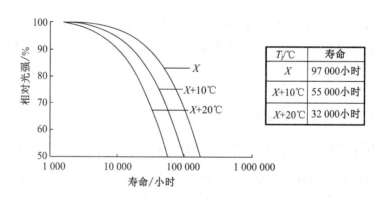

T_j/℃	寿命
X	97 000小时
X+10℃	55 000小时
X+20℃	32 000小时

图 1.19　LED 相对光通量和寿命随结温的变化曲线

LED 的特性参数与 PN 结结温有很大的关系。若环境温度较高，LED 的峰值波长 λ_p 就会向长波方向漂移，亮度 B_0 也会下降，尤其是点阵、大显示屏的温升对 LED 的可靠性、稳定性影响较大，应专门设计散射通风装置。

LED 的峰值波长随温度变化的关系可表示为

$$\lambda_p(T') = \lambda_0(T_0) + \Delta T_g \times 0.1\mathrm{nm}/^\circ\!\mathrm{C}$$

由上式可知，每当结温升高 10℃，则峰值波长向长波方向漂移 1nm，且发光的均匀性、一致性变差。这对于作为照明用的灯具光源要求小型化、密集排列，以提高单位面积上的光强。光亮度的设计尤其应注意用散热好的灯具外壳或专门通用设备，以确保 LED 能长期工作。

根据普朗克定律，单位输入功率可以产生的辐射光通量高达 683 lm/W。即使现在 LED 光效达到 160lm/W，也只有 23% 的电能被转换成光能，其余电能都将以发热的方式释放。因此，对 LED 照明产品来说，散热技术显得至关重要。若热量集中在尺寸很小的芯片内，芯片温度升高，引起热应力的非均匀分布以及芯片发光效率和荧光粉激射效率下降。当温度超过一定值时，器件失效率呈指数规律增加。统计资料表明，元件温度每上升 2℃，可靠性下降 10%。当多个 LED 密集排列组成白光照明系统时，热量的耗散问题更严重。解决热量耗散问题已成为高亮度 LED 应用的先决条件。目前主要的散热技术有以下几种：

（1）铝散热鳍片。

这是最常见的散热方式，用铝散热鳍片作为外壳的一部分来增加散热面积。

（2）导热塑料壳。

在塑料外壳注塑时填充导热材料，增加塑料外壳导热、散热能力。

（3）表面辐射散热处理。

对灯壳表面做辐射散热处理，涂抹辐射散热漆，可以将热量以辐射方式带离灯壳表面。

（4）空气流体力学。

利用灯壳外形，制造出对流空气，这是成本最低的加强散热方式。

（5）风扇。

灯壳内部用风扇加强散热，其造价低，效果好。不过要换风扇比较麻烦，且这种 LED 不适用于户外，比较少见。

（6）导热管。

利用导热管技术，将热量由 LED 芯片导到外壳散热鳍片。大型灯具如路灯等常采用这种技术。

（7）液态球泡。

利用液态球泡封装技术，将导热率较高的透明液体填充到灯体球泡内。

（8）灯头。

家用型较小功率的 LED 灯，往往将发热的驱动电路部分或全部置入灯头内部空间。这样可以利用像螺口灯头那样有较大金属表面的灯头散热，因为灯头是密接灯座金属电极和电源线的，所以一部分热量可由此导出散热。

（9）导热、散热一体化。

灯壳散热的目的是降低 LED 芯片的工作温度，由于 LED 芯片膨胀系数和我们常用的金属导热、散热材料膨胀系数差距很大，不能将 LED 芯片直接焊接，以免高、低温热应力破坏 LED 芯片。最新的高导热陶瓷材料，导热率接近铝，膨胀系数可调整到与 LED 芯片同步。这样就可以将导热、散热一体化，减少热传导中间环节。

1.4　LED 常用材料

1. LED 的外延材料

LED 的制造通常包含材料制备、芯片制造和封装三个基本过程。在材料制备过程中，需要在衬底（基片）材料上用外延法生长一定厚度的半导体 PN 结层。外延材料是 LED 的核心部分，是制造 LED 的基石，对 LED 的性能起着关键的作用。外延材料种类很多，下面介绍其中几种。

（1）AlGaInP。

四元系化合物半导体材料 AlGaInP 能发射红光（625nm）、橙光（611nm）和黄光（590nm），是目前制造这一波长范围的高亮度 LED 的主要材料。四元化合物的组分比例可以表示为 $(Al_xGa_{1-x})_yIn_{1-y}P$，其中 x、y 是化合物材料组分的摩尔比。当 y 约为 0.5 时，外延材料晶格与 GaAs 衬底材料能很好地匹配。在 GaAs 上生长的外延材料 AlGaInP 是一种质量很好的异质外延。当组分比 x 在 0～1 之间变化时，其禁带宽度（带隙）在 1.899～2.562eV 之间变化；当 $x<0.65$ 时，跃迁以直接带隙为主，内量子效率较高，产生的波长对应于红光和黄光。

AlGaInP 半导体的 N 型材料可通过掺入 Te 或 Si 施主杂质获得，P 型材料则可通过掺入 Zn 或 Mg 受主杂质获得。外延多采用有机物化学气相淀积工艺（MOCVD），对组分和掺杂进行精确的控制，并把杂质污染控制到最低。

（2）GaN。

氮化镓（GaN）是制作白光的 LED 的理想材料，但制造 GaN 的单晶材料非常困难，且价格很高。外延时，广泛采用两步生长法，先在 500℃～600℃ 下生长一层很薄的 GaN 和 AlN 层作为缓冲，再在较高的温度下生长 GaN 外延层。

（3）AlInGaN。

AlInGaN 是制造蓝光的 LED 材料，通过控制材料的组分比，其禁带宽度可以在 1.9～6.2eV 之间变化，从而大大扩展了 LED 的发光范围，使其颜色覆盖了从可见光直至紫外光，并且可以用来开发白光 LED。因此，这是一种很重要的制造 LED 的化合物半导体材料，它有一个突出的优点，即在晶格失配的衬底上外延生长成的材料仍具有较高的内量子效率。

通过掺杂 Mg 或 Si 材料，可以制成 P 型 AlInGaN 半导体材料。

（4）AlGaAs。

AlGaAs 是最早使用的高亮度 LED 材料。AlGaAs 组分可表示为 $Al_xGa_{1-x}As$，x 的范围为 0～1。能够在 GaAs 衬底上生长出理想的、晶格匹配的 AlGaAs 外延晶体，禁带宽度在 1.42～2.168eV 之间变化。当 $x<0.45$ 时，跃迁以直接带隙为主，具有较高的内量子效率。

掺杂施主杂质 Sn 或 Te 和受主杂质 Zn 或 Mg，可以分别获得 N 型和 P 型半导体材料。

LED 的外延材料还用到其他一些化合物半导体材料，在此就不一一赘述了。

2. LED 的衬底材料

衬底材料也称基片材料，外延层是在衬底材料上生成的，因此衬底材料是 LED 发展的基石，不同的材料决定不同的外延工艺、芯片加工工艺和封装工艺等。对衬底材料的要求：结构特性好；与外延材料有相近的晶格结构，有利于外延材料的生长；黏着性好；化学稳定性好，在外延生长的温度和气氛中不容易分解和被腐蚀；导热性好；有良好的导电性；对光的吸收少，有利于提高器件的发光效率；机械性能好，容易加工，如减薄、抛光和切割尺寸大；价格低廉等。常用的衬底材料有以下几种。

（1）蓝宝石（Al_2O_3）。

蓝宝石是用于外延生长 GaN 和 InGaN 的主要衬底材料，其优点是化学稳定性好，不吸收可见光，透光性好，制作技术比较成熟，价格适中；其缺点是晶格匹配性差，导热和导电性不好，硬度高，不易加工，但这些不足之处目前均已被逐步克服。

（2）硅（Si）。

硅衬底的芯片电极可采用两种接触方式，分别是 L 接触和 V 接触，简称为 L 型电极和 V 型电极。通过这两种接触方式，LED 芯片内部的电流可以是横向流动的，也可以是纵向流动的。由于电流可以纵向流动，因此增大了 LED 的发光面积，从而提高了 LED 的出光效率。硅衬底的优点是晶体质量高、尺寸大、成本低、易加工、有良好的导热导电性和稳定性。但 GaN 与硅衬底之间存在很大的晶格失配和热失配，在硅上很难得到无龟裂和实用的 GaN 外延材料。另外，硅衬底对光吸收严重，使 LED 的发光效率降低。

（3）碳化硅（SiC）。

碳化硅的优点是化学稳定性好，有优异的导热和导电性，不吸收可见光等；它的缺点是价格较贵，机械加工性能较差，晶体质量也不及 Al_2O_3 和硅。此外，SiC 材料吸收 380nm 以下的紫外光，所以不适合制造紫光 LED。由于 SiC 衬底具有良好的导热性和导电性，因此不需要像采用 Al_2O_3 做衬底的 GaN LED 那样，采用倒装结构来解决散热问题。今后碳化硅衬底的研发任务主要是大幅度降低制造成本和提高晶体的结晶质量。

（4）其他衬底材料。

除上述已经实现商品化的衬底材料外，正在开发和使用的衬底材料还有氮化镓、砷化镓、氧化锌等。

氮化镓是用来生长 GaN 外延层的最理想的材料。但它的单晶材料制备比较困难，价格很贵，难以商品化。

砷化镓是目前 LED 用得比较多的衬底材料，可以生长 GaAs、GaP、AlGaAs 和 AlInGaP 外延层，无位错，加工方便；它的缺点是吸光，降低了 LED 的发光效率。

氧化锌与 GaN 的晶格结构相同，禁带宽度相近。但它在 GaN 外延生长的气氛下容易被腐蚀，目前尚未被采用。

LED 外延片衬底材料是半导体照明产业技术发展的基石。不同的衬底材料，需要不同的 LED 外延片生长技术、芯片加工技术和器件封装技术，衬底材料决定了半导体照明技术的发展路线。

蓝宝石衬底、硅衬底、碳化硅衬底是制作 LED 芯片常用的三种衬底材料。我国蓝宝石衬底白光 LED 光效有很大突破，已达到 90～100 lm/W。同时，具有自主技术产权的硅衬底白光 LED 也已经达到 90～96 lm/W。从光效上，LED 照明已经达到了替代传统光源的标准，所以，LED 照明市场渗透率将迅速上升。

3. 白光 LED

自从出现发光二极管 LED 以来，人们一直在努力追求实现固体光源，随着发光二极管 LED 制造工艺的不断进步和新型材料（氮化物晶体和荧光粉）的开发及应用，使发白光的 LED 半导体固体光源性能不断完善并进入实用阶段。所谓白光，是多种颜色混合而成的光，白光 LED 的出现，使高亮度 LED 应用领域跨足至高效率照明光源市场。白光 LED 是最被看好的 LED 新兴产品，其在照明市场的发展潜力值得期待。与白炽钨丝灯泡及荧光灯相比，LED 具有体积小（多颗、多种组合）、发热量低（没有热辐射）、耗电量小（低电压、低电流启动）、寿命长（1 万小时以上）、反应速度快（可在高频下操作）、环保（耐震、耐冲击，不易破损，废弃物可回收，没有污染）、可平面封装、易开发、轻薄短小等优点，而白炽灯泡耗电高、易碎，日光灯废弃物含汞，污染环境等，故 LED 被业界普遍看好。

白色光 LED 亮度和功率的每一次提高，都进一步拓展了它的应用范围。目前白光 LED 已大量应用在景观照明、庭院灯、汽车内部照明、中小尺寸的 LCD 背光源等方面。若白光 LED 以每单位 1 lm/W 为基础，每单位降到 1 元将进入一般家庭的户外照明；当降到 0.5 元时有望进入室内照明、走廊照明等市场；当降到 0.25 元时将开始置换荧光灯。从发光效率看，一旦跨进 60 lm/W，其相当于 20W 的荧光灯。近年来，白光 LED 照明逐渐普及至一般家庭的各种照明灯具，正式担当照明新光源。

可见光光谱的波长范围为 380～760nm，在此波长范围内，人眼可感受到七色光，即红、橙、黄、绿、青、蓝、紫，但这七种颜色的光各自都是一种单色光。例如，LED 发出的红光的峰值波长为 565nm。在可见光的光谱中是没有白光的，因为白光不是单色光，而是由多种单色光合成的复合光，正如太阳光是由七种单色光合成的白光，而彩色电视机中的白光也是由三基色黄、绿、蓝合成的。由此可见，要使 LED 发出白光，它的光谱特性应包括整个可见光的光谱范围。白光 LED 的实现方法主要有以下三种。

（1）蓝光 LED＋不同色光荧光粉。

在成功开发蓝光 LED 之后，随之便开发出白光 LED 产品。研发的白光 LED，并不是半导体材料本身直接发出白光，而是由蓝光 LED 激发涂布在其上方的黄光 YAG 荧光粉，荧光粉被激发后产生的黄光与原先用于激发的蓝光互补而产生白光。通过芯片发出的蓝光与荧光粉发出的绿光和红光复合得到白光，其显色性较好。但是，这种方法所用荧光粉的有效转换效率较低，尤其是红色荧光粉的效率需要较大幅度的提高。目前日亚公司市售商品是利用 460nm 的 InGaN 蓝光半导体激发 YAG 荧光粉，而产生出 555nm 的黄光。随着蓝光晶粒发光效率的不断提升及 YAG 荧光粉合成技术的逐渐成熟，由蓝光晶粒与黄光荧光粉封装的白光 LED 技术目前较成熟。现在，对于 InGaN-YAG 白色 LED，通过改变 YAG 荧光粉的化学组成和调节荧光粉层的厚度，可以获得色温为 3 500～10 000K 的白光。

（2）利用紫外或紫光（300～400nm）LED＋R、G、B 荧光粉。

用紫外或紫光（300～400nm）LED＋R、G、B 荧光粉来合成白光 LED 的工作原理与日光灯类似，但是它比日光灯的性能要优越，紫光（400nm）LED 的转换系数可达 0.8，各色荧光粉的量子转换效率可达 90%。

紫外光 LED 配上 R、G、B 三色荧光粉，这提供了另一个研发方向，其方法主要是利用实际上不参与配出白光的紫外光 LED 激发 R、G、B 三色荧光粉，由三色荧光粉发出的三色光配成白光。在这种方法中紫外光 LED 实际不参与白光的配色，因此紫外光 LED 波长与强度的波动对于配出的白光而言不会特别敏感。可由各色荧光粉的选择及配比，调制出各种色温及演色性的白光。该方法显色性更好，但同样存在所用荧光粉有效转换效率较低，尤其是红色荧光粉的效率需要较大幅度提高的问题，且目前转换效率较高的红色和绿色荧光粉多为硫化物体系，这类荧光粉的发光稳定性差、光衰较大，因此开发高效的、低光衰的白光 LED 用荧光粉已成为一项迫在眉睫的任务。

虽然这种技术有种种优点，但是仍有相当的技术难度，如配合荧光粉、紫外光波长的选择（荧光粉最佳转换效率的激发波长）；紫外光 LED 制作的难度；抗 UV 封装材料的开发等。

（3）利用三基色原理将 R、G、B 三种 LED 混合成白光。

将 R、G、B 三基色 LED 组成一个像素可得到白光，但这种方法的主要问题是绿光的转换效率低。目前 R、G、B 光三种 LED 的转换效率分别为 30%、10% 和 25%，白光的流明效率可达 60 lm/W。通过进一步提高蓝、绿光 LED 的流明效率，白光的流明效率可达 200 lm/W。由于合成白光所要求的色温和显色指数不同，因而对合成白光的各色 LED 流明效率的要求也不同。利用三基色 LED 直接封装成白光 LED 是最早用于制成白光 LED 的方式，其优点是无须经过荧光粉的转换，由 R、G、B 三基色 LED 直接配成白光，通过分开控制 R、G、B 三基色 LED 的光强度，达成全彩的变色效果

（可变色温），并可由 LED 波长及强度的选择得到较佳的演色性。其缺点是混光困难。另外，因为所使用的 R、G、B 三只 LED 都是热源，散热量更是其他封装形式的 3 倍，因而增加了其使用上的困难。目前利用 R、G、B 三基色 LED 封装形式的白光 LED 可得到 25～30 lm/W 的效率，主要应用在散热问题不严重的户外显示广告牌、户外景观灯、可变色洗墙灯等。但采用电子电路控制，利用 R、G、B 三基色 LED 封装形式的白光 LED，很有机会成为取代目前 LCD 背光模块中的 CCFL 的背光源。

R、G、B 三基色 LED 合成白光的综合性能最好，在高显色指数下，流明效率有可能高达 200 lm/W，要解决的主要技术难题是提高绿光 LED 的电光转换效率，目前绿光 LED 的电光转换效率只有 13% 左右，同时成本较高。

三种生成白光的技术均已实现产业化，利用紫外或紫光（300～400 nm）LED＋R、G、B 荧光粉和利用三基色原理将 R、G、B 三只 LED 混合成白光的技术发展较快。而用单芯片形成白光，即只要一个芯片就可以形成白光，这种技术现在还在研发中。目前市售白光 LED 的水平：室温下，正向工作电压为 3.6 V、电流为 20 mA 时发光强度为 0.6 cd（最大为 1.1 cd）；反向电压为 5 V 时，漏电流为 50 μA，色度坐标为 $x=0.31$，$y=0.32$（20 mA），发光效率为 7.5 lm/W，色温为 6 000 K。目前利用白光 LED 可以制成最大亮度为 500 cd/m^2 的白色平板光源。表 1.4 列出了白光 LED 的种类及其发光原理。

表 1.4　白光 LED 的种类及其发光原理

芯片数	激发源	发光材料	发光原理
1	蓝色 LED	InGaN/YAG	InGaN 的蓝光与 YAG 的黄光混合成白光
	蓝色 LED	InGaN/荧光粉	InGaN 的蓝光激发的 R、G、B 三基色荧光粉发白光
	蓝色 LED	ZnSe	由薄膜层发出的蓝光和在基板上激发出的黄光混合成白光
	紫外 LED	InGaN/荧光粉	InGaN 的紫外激发的 R、G、B 三基色荧光粉发白光
2	蓝色 LED 黄绿 LED	InGaN、GaP	将具有补色关系的两种芯片封装在一起，构成白光 LED
3	蓝色 LED 绿色 LED 红色 LED	InGaN、AlInGaP	将发三原色的三种小芯片封装在一起，构成白光 LED
多个	多种光色的 LED	InGaN、GaP、AlInGaP	将遍布可见光区的多种光芯片封装在一起，构成白光 LED

从表 1.4 中可以看出，某些种类的白光 LED 光源离不开四种荧光粉，即三基色 R、G、B 粉和石榴石结构的黄色粉。在未来较被看好的是三波长光，即以无机紫外光晶片加 R、G、B 三种颜色荧光粉，但此三基色荧光粉的粒度要求比较小，稳定性要求也高，具体应用方面还在探索之中。

1.5　LED 光学结构设计

　　LED 体积小，在近场可做面光源，而远场近似点光源的特点，使其在光学设计方面十分方便灵活。当以 LED 为光源时，大多采用密集平铺的方式来达到非成像光学设计中强调的均匀性要求。如以 LED 作背光源的液晶显示屏就是采用阵列式 LED 来均匀发光的。由于发光角越大，光学设计难度越高，因此 LED 的光学设计是非常灵活的。在一些特殊的场合，还可以通过进一步减小 LED 的发光角，牺牲一部分效率来实现特殊的光学设计要求。

　　由于 LED 为朗伯型光源，不能直接应用于照明场合，为了能够尽量充分地利用芯片发出的光能，实现较高的光能利用率，并且满足对目标照明区域的照明要求，必须对芯片进行适当的配光设计。LED 器件作为照明光源的配光设计，简单来说，就是把光源的能量有效地利用，并加以合理分配的过程。在这个过程中，设计者需要解决两类问题：一是光源发出光能的收集问题，其关注焦点在于光能的收集效率，即尽可能多地收集光源发出的所有能量；二是光能的分配问题，其关注焦点在于如何把第一步所收集的光能进行分配，实现预先给定的光场分布。

　　通常光源的设计分为两种，即一次光学设计和二次光学设计。其中，在封装过程中的设计被称为一次光学设计；在 LED 封装之外进行的光学设计被称为二次光学设计。一次光学设计保证了每个 LED 发光芯片的出光质量，二次光学设计则保证整个发光器件（或灯具）的出光质量和发光效率。从某种意义上说，合理的一次光学设计，能够保证系统二次光学设计的顺利实现，提高照明和显示的效果。

1. 一次光学设计

　　LED 芯片从外形上看是一块很小的固体，在显微镜下可以观察到两个电极，加入电流后它会发光。在制造过程中，要焊接 LED 芯片的两个电极，从而引出正、负电极，并对两个电极进行保护。因此，这就需要对 LED 芯片进行封装。在封装过程中，为了使芯片能够高效率地输出可见光，需要进行光学设计，选择合适的封装材料，这种设计在 LED 制造行业内被称为一次光学设计。每个 LED 光源都有一个特定的光强分布特性，即配光曲线，主要包括封装树脂透镜以及内部反射器等。一次光学设计决定了光源的发光角度、光通量、光强分布、色温范围以及显色指数等参数，其主要目的是为了保证芯片的出光质量，使 LED 光源发光芯片发出的光在空间以一定的角度出射。光线沿各个方向的分布因各种封装结构的不同而不同。通常情况下，芯片的配光曲线为朗伯体，如图 1.20 所示，即发光强度随角度变化呈余弦规律分布（$I = I_0\cos\theta$）。而光源的一次光学设计与二次光学设计之间的相互配合是非常关键的，为了方便进行后续的二次光学设计，当然也可以通过改变 LED 器件的封装透镜来修改其光场分布，使其发出的光不呈朗伯体分布，而是呈有一定特殊性的配光曲线。

2. 二次光学设计

二次光学设计是在一次光学设计的基础上对整个系统的光强、色温的分布状况、光源配比、模具进行设计，从而将发出的光集中到所需的照明区域内，并且在光色配比等方面符合应用需求。一次光学设计是为了保证每个 LED 器件的出射光质量，提高发光效率性；而二次光学设计是考虑怎样把 LED 器件发出的光集中到所需的照明区域内，并且使光色配比、色温分布等方面符合应用需求。只有一次光学设计封装合理，才能保证二次光学设计目标的实现，从而提高灯具的照明效果。

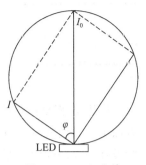

图 1.20 LED 芯片
（朗伯光源）照明示意图

由此可知，一次光学设计和二次光学设计对照明器件的性能影响巨大，一次光学设计是由厂家出场前就设计好的，所以在使用封装好的 LED 器件时二次光学设计就显得更加重要。第一，所需的光谱分布需要搭配不同光色的 LED 器件以满足应用需求；第二，封装之后，照射区域照度分布均匀性达不到设计要求，照度值大小不能满足设计需求，这时都需要对 LED 进行二次光学设计。主要的 LED 光学设计形式有：

（1）直射式。

直射式无二次光学设计系统，LED 器件的光无须经过光学器件直接发出朗伯体分布的光。也可以通过改变 LED 器件的封装透镜来修改其光场分布，使其发出的光不呈朗伯体分布。

（2）漫射式。

在大部分照明环境下，必须通过漫射式光学设计来降低其表面亮度，同时扩大发光范围。漫射式的典型应用是 LED 球泡灯和 LED 灯管。

（3）反射式。

反射式光学系统中大角度光线经过反射器一个面的反射后发出，大部分中心光线则是直射式发光。这种方式的缺点是只有部分光效可控，而大部分光线不可控，且尺寸较大，LED 的位置也不方便确定和固定。在实际应用中可以通过改变反射器形状、旋转 LED 器件的发光方向，实现不同的照明效果。常用的反射设计有抛物面反射、椭圆面反射、自由曲面反射。

抛物面只有一个焦点，从这个焦点发出的光经抛物面发射后，光线会变成平行光射出，利用这一光学特性，我们能获得平行光，从而提高光的利用率。在平面内，进入抛物面的平行光线在被抛物面反射后将汇聚到焦点；而从焦点发射的光线经过抛物面反射后将互相平行射出，如图 1.21 所示。这就是抛物面在太阳能领域应用广泛的主要原因，抛物面反射器具有良好的会聚效果。

图 1.22 所示为椭圆面反射器的工作原理图。假设一条光线经过椭圆的一个焦点，光线在椭圆腔体内经过若干次反射后，光线将会经过椭圆的另一个焦点。人们利用椭圆的这个性质设计出了具有很好聚光效果的椭圆反射器，目的在于将椭圆收集到的热

能汇聚到另一个焦点上，从而提高反射器的聚光能力。而在照明中，把 LED 光源置于椭圆其中一个焦点，出射光线经过椭圆面反射，使光线聚集到椭圆的另一个焦点，从而提高光能的集中率。

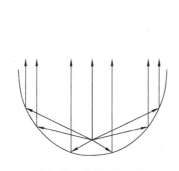
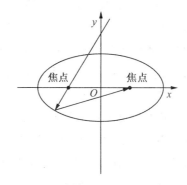

图 1.21　抛物面反射器　　　　　图 1.22　椭圆面反射器的工作原理图

　　自由曲面型反射器是由多个曲面通过平滑过渡拼接在一起的曲面集合，每个小曲面为面元，每个面元通过计算机复杂运算生成，且每个面元负责将光线投射到不同的照明区域。自由曲面型反射器在汽车照明上应用广泛，利用其设计的近光灯，与采用抛物面设计的近光灯相比，两者结构上基本相似，但配光的原理却相差甚远。

　　自由曲面型反射器，通过复杂的计算，将自由曲面划分为多个模块，每个模块负责将光线投射到指定的照明区域，这样做的好处是大大提高了光线的利用率，使光线能满足汽车照明法规的要求。在满足法规的前提下，它还能充当其他反射器系统的配光镜功能（图 1.23），并实现偏移和散射功能，这样，可以减少对配光镜的设计工作，配光镜只是起到保护系统的作用，也可以删减掉挡光板，使得照明系统更紧凑。自由曲面型反射器虽然比其他的反射器存在诸多优点，但自由曲面型反射器也存在许多弊端，如计算复杂，曲面面元独立，不容易注塑成型，开发难度较大，成本也较高。

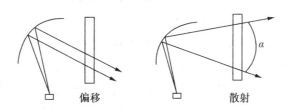

图 1.23　自由曲面型反射镜

　　（4）透射式。

　　透射式系统利用光的折射原理将某些透光材料做成灯具元件，常用的灯具元件有透镜和棱镜两大类，这些灯具元件用来改变初始出射光线的前进方向和出光角度的大小，从而改变照明面积和照度，最后获得合理的分布。LED 采用透镜时，会使点光源发出的光线会聚或扩散，所以，LED 光源经过透镜光学系统后形成的泛光照明均匀柔和、不易引起视觉疲劳，且无眩光污染。当LED光源的阵列方式和透镜的光学系统合理搭配时，每个LED的光能量利用率可达到98%以上，多束光投射在同一个焦平面上，最终形成的光亮度就会成倍增加。目前应用越来越多的双排复眼透镜是由一系列小透镜组合形成的，将双排复眼透镜阵列应用于照明系统，可以获得高的光能利用率和大面积的均匀照明。例如，LED在信号灯中的二次光学设计，由于信号灯需要将LED发出的光集中于一个较小的立体角范围内，所以就需要选用透镜作为准

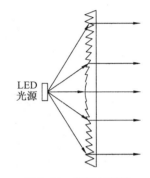

直光学组件，使得LED发出的光满足要求。透射式还可以控制大部分光线，且尺寸较小。如图1.24所示，利用菲涅尔透镜，把LED点光源发出的所有光线收集起来并转换成平行光后加以利用。该透镜具有锯齿状的入射面和平面出射面，LED光源发出的光在菲涅尔透镜的锯齿状入射面发生折射后以平行光束从平面出射面射出。

图 1.24　菲涅尔透镜的准直系统

　　汽车后雾灯光学结构就用到了菲涅尔透镜（图1.25）。利用准直型菲涅尔透镜的光学特性，可完成对LED光能的收集工作。

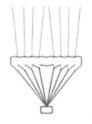

图 1.25　菲涅尔透镜及应用于汽车后雾灯设计

　　（5）全反射式。

　　在特殊角度、特殊方向下，LED光线以临界角照射到反射器上，再由出光口导出。如图1.26所示，全反射透镜是通过光的全反射现象来实现对LED光源发出的光进行准直处理的。该透镜的内侧有一个空腔，该空腔可用于放置LED光源，LED光源正对着透镜空腔发光。该透镜包括入射面、全反射面和出射面，透镜内侧的空腔表面是入射面，透镜外侧周围的自由曲面是全反射面，透镜外侧顶部的平面是出射

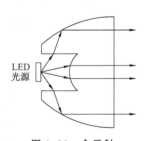

图 1.26　全反射透镜的光学设计

面。LED光源中心部分的光经过透镜时，在透镜内侧空腔顶部的自由曲面入射面发生折射后以平行光束从透镜外侧顶部的平面出射面射出；LED光源边缘部分的光经过透镜时，首先在透镜内侧腔壁的柱面入射面发生折射，然后在透镜外侧周围的自由曲面发生全反射，最后以平行光束从透镜外侧顶部的平面出射面射出。

（6）反射式与透射式结合。

金属面透镜是通过光的折射、反射以及全反射现象来实现对 LED 光源发出的光进行准直处理的，如图 1.27 所示，该透镜下表面的中心区域为入射面，上表面的外围区域为出射面，该透镜上表面的中心区域和下表面的外围区域为金属化表面，光线不能从该表面透射过去，而在该表面上发生反射。LED 光源发出的光首先从透镜下表面中心区域的入射面进入透镜，然后在透镜上表面中心区域的金属化表面发生反射或者在透镜上表面外围区域的出射面发生全反射后，射向透镜下表面外围区域的金属化表面，透镜下表面外围区域的金属化表面经反射后以平行光束从透镜上表面外围区域的出射面射出。金属面透镜需要在透明材料上进行部分表面金属化的加工，生产工艺相对比较复杂，制造精度要求也比较高。

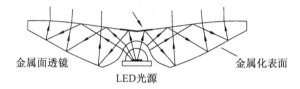

图 1.27　金属面透镜的准直系统

1.6　世界各国的 LED 行业标准

1. 主要标准机构和认证标识

• ANSI：美国国家标准协会（American National Standards Institute）的简称，是由美国公司、政府和其他成员组成的自愿性组织。ANSI 标准是自愿采用的。

• UL：美国保险商实验室（Underwriter Laboratories Inc.）的简称，UL 安全实验所是美国最有权威的，也是世界上从事安全实验和鉴定的较大的民间机构。

• FCC：美国联邦通信委员会（Federal Communications Commission）的简称，是美国政府的一个独立机构，直接对国会负责。FCC 通过控制无线电广播、电视、电信、卫星和电缆来协调国内和国际的通信。

• ETL：美国电子测试实验室（Electrical Testing Laboratories）的简称，ETL 实验室是由美国发明家爱迪生在 1896 年一手创立的，在美国及世界范围内享有极高的声誉。

• ES：能源之星（Energy Star）的简称，由美国政府主导，主要针对消费性电子产品的能源节约计划，能源之星计划于 1992 年由美国环保署（EPA）启动，目的是为了降低能源消耗及减少发电厂所排放的温室气体。

• IEC：国际电工委员会（International Electrotechnical Commission）的简称，是世界上成立最早的国际性电工标准化机构，负责有关电气工程和电子工程领域中的国际标准化工作，世界各国有近 10 万名专家在参与 IEC 标准的制定、修订工作。

• ENEC：欧洲标准电器认证（European Norms Electrical Certification）的简称，是针对特定的并符合欧洲标准的产品（如照明设备及组件，办公室和数据设备）所使用的通用欧洲标准。ENEC 标志是欧洲安全认证通用标志，2000 年开始只允许欧洲制造商采用"ENEC"标志，目前对全世界所有制造商开放使用。

• GB："国标"的汉语拼音缩写，编号由国家标准的代号、国家标准发布的顺序号和国家标准发布的年号（采用发布年份的后两位数字）构成，由国务院标准化行政主管部门编制，由国家标准化主管机构批准发布，它是在全国范围内统一实行的标准。

• CCC：中国强制认证（China Compulsory Certification）的简称，简称"3C"认证，是于 2001 年 12 月 3 日开始实行的强制性产品认证制度，将原来的"CCIB"认证和"长城 CCEE 认证"统一为"中国强制认证"，其产品目录包含 19 大类 132 种，目录内的产品必须经国家指定的认证机构认证合格，取得相关证书并加以认证后，方能出厂、进口、销售和在经营服务场所使用。

2. LED 产品出口欧盟市场的标准

出口欧盟国家的 LED 产品需要通过安全认证测试（LVD）或电磁兼容性认证测试（EMC），其主要的认证标识有 CE 和 ENEC，认证引用标准主要包括：IEC/EN：60598-1（灯具的一般要求与试验）、IEC/EN：60598-2-3（道路与街道照明灯具的安全要求）、IEC/EN 62031（LED 模块通用安全要求）、IEC/EN：61000-3-2（单相输入电流≤16A，设备谐波电流发射限值）、IEC/EN：61000-3-3（低压供电系统中电压波动和闪烁的限值）、IEC/EN 61547（一般照明用设备电磁兼容抗扰度要求）、IEC/EN 55015（电气照明或类型设备的电磁干扰特性的限值和测量方法），CE 认证与 ENEC 认证引用的标准基本一样，但是在认证方面却有很大的差别，主要表现如下。

• ENEC 必须有经过 ENEC 成员国认证机构的测试和认证；CE 属于自我宣称性认证，如果企业认为自身产品已经满足了 CE 认证标准，不需要经过第三方的测试和发证，可自行粘贴 CE 标志。

• ENEC 认证产品必须符合 ISO 9002 标准，或与其等效的标准；CE 认证则不需要 ISO 相关方面的标准。

• ENEC 认证需要接受相关认证机构的检查；CE 认证产品不需要相关认证机构的检查。

• ENEC 认证需要每隔一年对认证过的产品进行有选择的重测，且需要重测费用；CE 认证在产品未变更的情况下，持续有效。

• ENEC 认证采用"欧洲标准化委员会（EN）"标准；CE 认证采用"国际电工委员会（IEC）"标准，但两种标准内容完全一样。

• ENEC 认证，如果电源是外购的，则电源必须通过 ENEC 认证，再将电源配合灯具进行认证测试；如果电源由申请商自己生产，可不需要进行 ENEC 的认证，但需要配合灯具做随机测试，引用标准为 EN 61347-1（灯的控制装置的一般要求和安全要求）和 EN 61347-2-13（LED 模块用交流或直流电子装置控制的特殊要求）。CE 认证，电源如果有 CE 认证标志，则只进行电源配合灯具的 EMC 测试，不再对电源进行随机的安全测试。

3. LED 产品出口北美市场的标准

出口北美市场的 LED 产品需要通过 UL、ETL、FCC 和 ES 等认证。LED 道路照明产品 UL 认证引用 UL8750、UL60950 或 UL1598 三个标准，不测试灯具的 EMC 特性。ETL 认证测试引用完全等同于 UL 的标准。ES 主要针对住宅区和商业照明类 LED 灯具的光电性能要求，LED 道路照明暂不列入。这里主要对比较常见的 UL 和 FCC 认证进行介绍和分析。

（1）FCC 认证标准介绍。

美国法律法规对电子产品的强制性认证包括 Title1～Title50。FCC 认证的方式分为 Verification（自我认证）、Declaration of Conformity（公告宣称）和 Certification（认证）三种模式。采用自我认证方式时，没有对测试实验室做任何要求，可不用测试（只要确保产品能够符合相应的技术要求）且不需要提供资料给 FCC；采用公告宣称方式时，测试实验室须取得 NVLAP、A2LA 资质，或 FCC 认证的实验室，而且需要多边的互认协议，但不需要提供资料给 FCC；采用认证方式时，测试实验室需在 FCC 网站上注册，得到 FCC 官方认可，由 FCC 指定的 TCB 机构发证，且需要提供资料给 FCC，同时可得到一个 FCC ID。采用何种认证方式，取决于产品的类型，在 FCC 认证中 LED 灯具产品测试的标准为 Part15B，认证类型为自我认证。

LED 灯具的 FCC 认证测试与欧盟 CE 中的电磁兼容认证测试有较大区别，主要表现在如下几个方面。

• LED 灯具的 FCC 认证只测试 EMI，不包含 EMC 测试项；CE 中的电磁兼容测试则需对两项均进行认证测试。

• LED 灯具的 FCC 认证分为 ClassA（工业、商业环境中使用的 LED 灯具）和 ClassB（居民环境中使用的 LED 灯具）两类，两类的测试限值完全不一样；CE 认证中的电磁干扰测试限值标准只有一种，限值大小与 FCC 中的 ClassB 相当。

• LED 灯具的 FCC 认证传导干扰扫描测试频率从 0.15MHz 开始至 30MHz 结束，CE 认证中的传导干扰扫描测试频率从 9kHz 开始至 30MHz 结束。

• LED 灯具的 FCC 认证空间辐射干扰扫描测试频率从 30MHz 开始至 1GHz 结束，CE 认证中的空间辐射干扰扫描测试频率从 30kHz 开始至 300MHz 结束。

• FCC 认证要求较苛刻，其 EMI 认证测试限值标准通常要求有 6dB 以上的余量；CE 认证的 EMI 测试余量在 3dB 或以上即可。

（2）UL 认证标准介绍。

UL 认证在美国属于非强制性认证，主要包括产品安全性能方面的检测和认证，其认证范围不包含产品的 EMC（电磁兼容）特性。以下简单介绍 LED 道路照明产品涉及的 UL8750、UL1310 及 UL60950 标准。UL8750 标准适用于非危险位置的 LED 照明光源元件，同样适用于连接到电池、燃料电池等隔离（无有效连接）电源的 LED 光源；UL1310 标准适用于电压在 AC120V 或 240V 时，通过软件或直接插入的方式连接 15A 或 20A 交流电分支电路或电压小于 150V 接地的设备，使用绝缘变压器提供给低压用电操作的电源设备；UL60950 标准适用于信息技术类（简称 IT）设备的安规标准，包括手机、电脑及其周边设备，比如投影仪、打印机等，也包括输出可带 LPS（受限制电源）安全回路的电源供应器。

在 LED 照明产品的 UL 认证中，驱动电源认证测试可选用 UL1310 标准或 UL60950 标准。两种标准的主要差异如下。

• UL1310 标准是 CLASSII（提供有限电压和容量的电源）电源设备安全标准，通过 UL1310 认证的电源为 CLASSII 电源，使用 CLASSII 电源做 CUL（加拿大市场）的 LED 照明灯具，对其认证时，可免去相关安全测试；UL60950 标准是信息技术类（简称 IT）设备的安规标准，其适用的认证范围要大于 UL1310 标准，但使用通过 UL60950 标准认证的电源做 CUL（加拿大市场认证）的 LED 照明灯具，对其认证时，不可豁免相关安全测试。

• UL1310 标准规定，在任何负载条件下电源最大输出电压（包括无负载）的外露接触电压峰值为 42.4V，最大输出功率不高于 100W；UL60950 标准则定义在输出电压正常条件下，任何两个可触及的电路零部件之间的电压，或者任何可触及的电路零件与 I 类设备的保护接地端子之间的电压，不超过 42.4V 交流峰值或 60V 直流峰值。

• UL1310 标准只适用于 AC 120V 或 AC 240V 标定电压的电网中 CLASSII 电源设备；UL60950 标准适用于额定输入电压不超过 AC 600V 的信息技术类产品，对于 277V 电压系统 UL 认证的 LED 照明产品的驱动电源，只能引用 UL60950 标准认证测试。

（3）北美 LED 节能灯的检测要点。

LED 节能灯作为一种新型的产品，目前现行的北美产品安全标准没有专门针对这类产品的技术要求，LED 产品的检测成为业界的一个课题。美国 UL 实验室针对目前这种行业状况，正在组织编写 LED 节能灯安全认证标准 UL8750，这个标准目前还是草稿，未被正式采用为认证标准，因而，LED 节能灯的认证测试问题，暂时没有得到彻底解决。

LED 节能灯的基本原理是通过开关型电源模块将交流电转化直流电，以供电给发光二极管工作。根据 LED 节能灯的基本原理和结构特点，美国 MET 实验室提出一种现阶段的过渡性检测方案：采用传统节能灯美国认证标准 UL1993（对应加拿大标准 CAN/CSA—C22.2 No.0 及 CAN/CSA－C22.2 No.74）和电源模块标准 UL1310 或 UL1012（对应加拿大标准 CAN/CSA－C22.2 No.107）对 LED 节能灯进行测试认证。

下面将依据 UL1993、UL1310 和 UL1012 标准，对 LED 节能灯认证测试中的关键问题做一些阐述。

① 材料。

LED 节能灯可做成各种形状，以日光灯管型 LED 节能灯为例，其外形跟普通的日光灯管一样，由日光灯管状透明聚合物外壳将电源模块和发光二极管包在里面。透明聚合物外壳可起到防火和防触电的功能。根据标准要求，节能灯外壳材料须达到阻燃 V-1 等级上，因此聚合物外须采用阻燃 V-1 等级以上的材料。要注意的是，产品外壳要达到所要求的阻燃 V-1 等级，其厚度必须要大于等于原材料的阻燃 V-1 等级所要求的厚度，防火等级及厚度要求可以在原材料的 UL 黄卡上查到。

在实际检测中发现，制造商为了保证 LED 灯的亮度，往往将透明聚合物外壳做得很薄，这就需要检测工程师注意保证材料达到防火等级所要求的厚度。由于不同原材料对相同的防火等级有不同的厚度要求，某些原材料在较小的厚度下就可以满足较高的防火等级要求，可建议制造商选择合适的原材料做产品外壳。

② 跌落试验。

按产品标准要求，要做跌落测试，即模拟实际使用产品过程中可能发生的跌落情形，让产品从 0.91m 的高度掉到硬木板上，产品外壳不能破裂以至露出内部的危险带电的部分。选择材料做产品外壳时，必须要考虑这一强度要求。

③ 抗电强度。

透明外壳将电源模块包围在内部，透明外壳材料必须要达到抗电强度要求。基于北美电压 120V 的条件，内部高压带电件与外壳间（覆上金属进行试验）要能承受交流 1 240V 的抗电强度测试。一般情况下，产品外壳厚度达到 0.8mm 左右，就可以符合抗电强度测试要求。

④ 电源模块。

电源模块是 LED 节能灯的重要组成部分，电源模块主要采用开关电源技术，按电源模块类型不同，可以考虑用不同的标准进行测试认证。如果电源模块是 CLASS II 电源，可以用 UL1310 标准来测试认证。对于非 CLASS II 电源，则采用 UL1012 标准来测试认证，这两个标准的技术要求十分相似，可相互参考，大多数 LED 灯的内部电源模块采用非隔离式，电源输出直流电压也大于 60V，因此不适用 UL1310 标准，而适用 UL1012 标准。

⑤ 绝缘要求。

由于 LED 节能灯内部空间有限，在设计结构时，要注意危险带电件与可触及金属件的绝缘要求。按标准要求，危险带电件与可触及金属件间的空间距离要达到 3.2mm，爬电距离要达到 6.4mm，如果距离不够，可以加绝缘片作为附加绝缘，绝缘片厚度要大于 0.71mm，如果厚度小于 0.71mm，产品则要能承受 5 000V 的高压测试。

⑥ 温升测试。

温升测试是产品安全测试的一个必做项目，对不同元件有一定的温升限制，在产品设计阶段，制造商要十分重视产品的散热问题，特别是对某些零部件（如绝缘片等）应特别注意。

部件如果长期在高温条件下工作，易损坏，从而造成着火或触电危险。灯具内部的电源模块处于封闭狭小的空间里，散热受到限制。因此，制造商在选择元件时，要注意选择合适规格的元件，以保证元件在一定的裕度下工作，从而避免元件长期在接近满载的条件下工作而产生过热现象。

⑦ 结构。

LED 节能灯的电源模块安装在外壳内部，空间有限，有的制造商为了节省空间，将插脚式的元件表面焊接在 PCB 上，这种做法是不可取的。这些表面焊接的插脚式元件很可能由于虚焊等原因脱落，从而造成危险。因此，对这些元件要尽可能采取插孔焊接方式。如果不得已采取表面焊接方式，则要对这种元件采用加胶水固定等方式提供附加保障。

⑧ 故障测试。

产品故障测试是产品认证测试中至关重要的一个测试项目。这个测试项目是在线路上使一些元件短路或开路，以模拟实际使用过程中可能发生的故障，从而评估产品在单一故障条件下的安全性。为了满足这一安全要求，在进行产品设计时，要考虑在产品输入端加合适的保险丝，以防止输出短路或内部元件故障时产生过电流，从而导致着火危险。

⑨ 工厂检查。

对北美产品认证要进行工厂检查，工厂检查包括首次工厂检查和后续跟踪检查。如果工厂是第一次申请北美产品认证，则要进行首次工厂检查。首次工厂检查主要针对工厂的品质保证体系，以确保产品的品质得到有效的监管和保证。如果工厂已按 ISO 9000 标准建立品质管理体系，并通过了 ISO 9000 认证，基本上可以符合首次工厂检查的管理体系要求。如果工厂未通过 ISO 9000 认证，则要在原料采购、来料检查、库存管理、产品设计、工程更改、生产线测试、仪器校准和投诉跟进等方面有清晰的程序文件，并有效执行。后续跟踪检查则主要针对产品的结构检查和生产线产品测试等方面，以确保生产线生产的产品结构和认证样品一致，并通过相关的生产线测试。制造商在产品通过测试认证后，必须严格按认证样品的结构和元件清单进行产品生产，任何可能涉及产品安全的更改必须通知认证机构进行评估。如有必要，可能要重新测试和修改报告。产品的测试报告里对产品的生产线测试要有明确要求，制造商必须按照要求进行相关测试，如高压测试、接地连续性测试等。

4. 我国的 LED 行业标准

为进一步推动半导体照明产品的标准化工作，在发改委、科技部和国家标准委的协调下，国家标准委决定以联盟发布的《反射型自镇流 LED 照明产品》和《LED 筒灯》技术规范为基础制定国家标准。2011 年 6 月 28 日，联盟组织 20 余家国内检测机构、研究院所及骨干企业的 30 余位代表对标准的技术要求、内容、性能和测试方法是否分别制定等进行了研讨，并将会议讨论的相关结果向国际委进行了汇报。联盟对《LED 筒灯》与原来国际委立项的 LED 嵌入式灯具标准的差异性，与全国照明电器标准委进行了沟通，最终确定了《反射型自镇流 LED 灯性能要求》《反射型自镇流 LED 灯性能测试方法》《LED 筒灯性能要求》《LED 筒灯性能测试方法》四个标准，进行立项。其中《反射型自镇流 LED 灯性能要求》和《反射型自镇流 LED 灯性能测试方法》起草单位为国家电光源质量检验中心（北京）和北京半导体照明科技促进中心；《LED 筒灯性能要求》和《LED 筒灯性能测试方法》起草单位为上海时代之光照明电器检测有限公司。

　　表 1.5 为我国 LED 行业标准一览表。

表 1.5　我国 LED 行业标准一览表

标准编号	标准名称	发布部门	实施日期	状态
CJ/T 361—2011	水景用发光二极管（LED）灯	住房和城乡建设部	2011 - 08 - 01	现行
DB35/T 810—2008	普通照明用 LED 灯具（固定式、可移动式、嵌入式）	福建省质量技术监督局	2008 - 07 - 10	现行
DB35/T 811—2008	景观装饰用 LED 灯具	福建省质量技术监督局	2008 - 07 - 10	现行
DB35/T 812—2008	投光照明用 LED 灯具	福建省质量技术监督局	2008 - 07 - 10	现行
DB35/T 813—2008	道路照明用 LED 灯具	福建省质量技术监督局	2008 - 07 - 10	现行
DB37/T 1181—2009	太阳能 LED 灯具通用技术条件	山东省质量技术监督局	2009 - 03 - 01	现行
DB44/T 609—2009	LED 路灯	广东省质量技术监督局	2009 - 07 - 01	现行
GA/T 484—2010	LED 交通诱导可变信息标志	公安部	2011 - 03 - 01	现行
GB 19510.14—2009	灯的控制装置第 14 部分：LED 模块用直流或交流电子控制装置的特殊要求	质量监督检验检疫总局	2010 - 12 - 01	现行
GB/T 23595.1—2009	白光 LED 灯用稀土黄色荧光粉试验方法第 1 部分：光谱性的测定	质量监督检验检疫总局	2010 - 02 - 01	现行

标准编号	标准名称	发布部门	实施日期	状态
GB/T 23595.2—2009	白光 LED 灯用稀土黄色荧光粉试验方法第 2 部分：相对亮度的测定	质量监督检验检疫总局	2010 - 02 - 01	现行
GB/T 23595.3—2009	白光 LED 灯用稀土黄色荧光粉试验方法第 3 部分：色品坐标的测定	质量监督检验检疫总局	2010 - 02 - 01	现行
GB/T 23595.4—2009	白光 LED 灯用稀土黄色荧光粉试验方法第 4 部分：热稳定性的测定	质量监督检验检疫总局	2010 - 02 - 01	现行
GB/T 23595.5—2009	白光 LED 灯用稀土黄色荧光粉试验方法第 5 部分：pH 的测定	质量监督检验检疫总局	2010 - 02 - 01	现行
GB/T 23595.6—2009	白光 LED 灯用稀土黄色荧光粉试验方法第 6 部分：电导率的测定	质量监督检验检疫总局	2010 - 02 - 01	现行
GB/T 23595.7—2010	白光 LED 灯用稀土黄色荧光粉试验方法第 7 部分：热猝灭性的测定	质量监督检验检疫总局	2010 - 05 - 01	现行
GB/T 23826—2009	高速公路 LED 可变限速标志	质量监督检验检疫总局	2009 - 12 - 21	现行
GB/T 23828—2009	高速公路 LED 可变信息标志	质量监督检验检疫总局	2009 - 07 - 01	现行
GB/T 24823—2009	普通照明用 LED 模块性能要求	质量监督检验检疫总局	2010 - 05 - 01	现行
GB/T 24824—2009	普通照明用 LED 模块测试方法	监督检验检疫总局	2010 - 05 - 01	现行
GB/T 24825—2009	LED 模块用直流或交流电子控制装置性能要求	质量监督检验检疫总局	2010 - 05 - 01	现行
GB/T 24826—2009	普通照明用 LED 和 LED 模块术语和定义	质量监督检验检疫总局	2010 - 05 - 01	现行
GB/T 24906—2010	普通照明用 50V 以上自镇流 LED 灯安全要求	质量监督检验检疫总局	2011 - 02 - 01	现行

续表

标准编号	标准名称	发布部门	实施日期	状态
GB/T 24907—2010	道路照明用 LED 灯性能要求	质量监督检验检疫总局	2011-02-01	现行
GB/T 24908—2010	普通照明用自镇流 LED 灯性能要求	质量监督检验检疫总局	2011-02-01	现行
GB/T 24909—2010	装饰照明用 LED 灯	质量监督检验检疫总局	2011-02-01	现行
GB/T 24982—2010	白光 LED 灯用稀土黄色荧光粉	质量监督检验检疫总局	2011-05-01	现行
GB 25991—2010	汽车用 LED 前照灯	质量监督检验检疫总局	2012-01-01	即将实施
JT/T 597—2004	LED 车道控制标志	交通部	2005-02-01	现行
LB/T 001—2009	整体式 LED 路灯的测量方法	国家半导体照明工程研发及产业联盟	2009-09-01	现行
MT/T 1092—2008	矿灯用 LED 及 LED 光源组技术条件	国家安全生产监督管理总局（现国家应急管理部）	2010-07-01	现行
QB/T 4146—2010	风光互补供电的 LED 道路和街路照明装置	工业和信息化部	2011-04-01	现行
SJ/T 11141—2003	LED 显示屏通用规范	信息产业部	2003-10-01	现行
SJ/T 11281—2007	发光二极管（LED）显示屏测试方法	信息产业部	2008-01-20	现行
SJ/T 11406—2009	体育场馆用 LED 显示屏规范	工业和信息化部	2010-01-01	现行
SJ 50033/147—2000	半导体光电子器件 GF1121 型 LED 指示灯详细规范	信息产业部	2000-10-20	现行
SJ 52146/I—1996	GS1113 型 LED 红色数码管详细规范	电子工业部	1997-01-01	现行
TB/T 3085.2—2003	铁道客车车厢用灯第 2 部分：卧铺车厢用 LED 床头阅读灯	铁道部	2004-04-01	现行
TB/T 3242—2010	LED 铁路信号机构通用技术条件	铁道部	2004-04-01	现行
TY/T 1001.1—2005	体育场馆设备使用要求及检验方法第 1 部分：LED 显示屏	国家体育总局	2005-12-01	现行
YY 0055.2—2009	牙科光固化机第 2 部分：发光二极管（LED）等	国家食品药品监督管理总局	2010-12-01	现行

1.7　本章小结

　　LED又称发光二极管，是一种能发光的半导体电子元件。这种电子元件早在1962年就已出现，早期只能发出低亮度的红光。时至今日，LED发出的光已遍及可见光、红外线及紫外线波段，其亮度也大幅提高。随着技术的不断进步，LED的用途也由作为指示灯、显示板等扩展到显示器、采光装饰和照明等诸多领域。本章对LED的基础知识、基本性能参数、发光原理、常用材料和结构特点等做了详细介绍，为LED灯具设计、LED显示屏设计、LED工程案例解析提供了理论参考。

第2章　LED 器件的驱动原理和方法

　　本章讨论 LED 器件的驱动原理和方法。从单个 LED 器件到由多个 LED 器件组成的照明设备或显示屏都需要适当的驱动电路或驱动系统才能正常工作，驱动原理及方法是 LED 器件工作的关键技术之一。

　　根据上一章的描述，LED 的发光强度与流经它的电流成正比，所以若要控制每一个 LED 的发光明暗程度，最直接的办法是调节流经它的电流。点亮 LED 的前提是施加于其上的正向压降大于其导通阈值，不同颜色的 LED 由于所用的半导体材料不同，导通阈值是不一样的。因此，通过在 LED 两端施加适当的正向电压，且对流经 LED 的电流采取相应的限流或恒流措施，就可以控制 LED 发出期望强度的光。另外，从关于 LED 电流与发光峰值光谱之间关系的讨论可知，当流过 LED 的电流发生变化时，有可能会造成可被感知的色调变化，因此对于一些高色彩纯度的场合，不能通过简单增减电流来改变 LED 发光强度，而要找寻其他更加适当的方法。本章将讨论利用电阻限流、恒流源以及脉冲宽度调制三种方法来驱动单个 LED，它们是后续 LED 电光源、LED 显示屏驱动的基础。

2.1　电阻限流驱动

　　最简单的电阻限流 LED 驱动电路如图 2.1 所示，把电阻 R 与 LED 串联，并在两端加上适当的电压，回路中就会有电流 I 流过，发光二极管 D 发光，发光的强度与电流 I 的大小成比例，而电流 I 的大小则取决于所加的电压 E 以及限流电阻 R 的阻值。对于给定的 LED 以及供电电源，调节电阻 R 的阻值，就能得到流经 LED 的期望电流值，从而达到控制 LED 发光强度的目的。

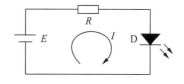

图 2.1　最简单的电阻限流 LED 驱动电路

　　需要注意的是，上述电路中所加的电压必须高于 LED 的正向导通阈值电压，电阻 R 的阻值计算也需要考虑到 LED 正向导通电压 U_F，不同 LED 的正向导通电压不尽相同，它主要取决于生产 LED 所使用的半导体材料。每种发光二极管都有各自的技术指标，了解特定 LED 的这些技术指标，对于正确使用它们很有帮助。应用时需要注意两种参数，即极限参数与典型参数。设计与应用时必须保证不会超出 LED 厂家提供的极限参数指标，并参照典型参数来设计驱动电路。例如，表 2.1 所列的是某些型号 LED 的极限参数，在使用时需要保证所有的参数不会超出该表所列的数值，不然可能造成 LED 永久损坏。这里有两个指标需要做一些说明，即直流正向电流与脉冲正向电流。直流正向电流是指连续施加的正向电流，而脉冲正向电流一般是以 10% 的占空比施加的宽度为 0.1ms 的脉冲来表述的。可见，在脉冲形式的驱动方式下，可以适当增加正向电流而不至于损坏 LED。

表 2.1　LED 的极限参数

项目	符号	颜色			单位
		绿（GaP）	黄（GaAsP）	红（AlGaAs）	
消耗功率	P_D	65	65	66	mW
直流正向电流	I_F	25	25	30	mA
脉冲正向电流	I_{FP}	100	100	100	mA
反向电压（$I_R=100\mu A$）	U_R	5			V
工作温度	T_{OP}	$-30\sim80$			℃
保存温度	T_{ST}	$-40\sim85$			℃

表 2.2 所列的则是相应 LED 的一些典型应用参数，可以发现不同颜色（材料）的 LED，它们的正向导通电压的阈值是有差别的。例如，最小的红光与最大的蓝光 LED 的正向压降会差 1.5V 左右，在设计驱动电路时应该充分考虑。此外，同样的导通电流产生的发光强度也不一样，这不仅是由于不同材料的发光效率上的差异，还由于人眼对于不同波长视觉灵敏度的差异，应用时同样必须考虑，以免有些灯珠看上去亮得刺眼，而另一些则显得很黯淡。例如，对于同样为 20mA 的工作电流，表中所列蓝光 LED 的发光强度会是黄光的 6 倍多。

表 2.2　LED 的典型应用参数

颜色	材料	正向电压U_F/V		波长/nm			发光强度/mcd		I_F/mA
		典型值	最大值	λ_D	λ_P	$\Delta\lambda$	最小值	典型值	
绿	GaP	2.2	2.6	573	568	30	9	18	20
黄	GaAsP	2.1	2.6	590	589	35	3.6	9	20
红	AlGaAs	1.8	2.2	643	660	20	9	21	20
蓝	lnGaN	3.3	3.9	470	468	40	35	60	20

在 LED 的性能指标中与波长相关的指标通常有三个，分别是：主波长λ_D（dominant wavelength)、峰值波长 λ_P（peak wavelength）以及半峰带宽（FWHM，full width at half maximum）的波长范围 $\Delta\lambda$。初次接触上述指标的读者可能会对峰值波长与主波长之间的差别感到疑惑。峰值波长是指 LED 在这个波长上产生的光子数最多，所以被称为峰值。然而，由于人眼对于不同波长的视觉灵敏度是不同的，即便在两个不同波长上产生的光子数相同，我们看上去的亮度也是不同的。因此，LED 的指标参数中就引入了另一个参数——主波长 λ_D，即人眼所感知的 LED 色彩。LED 所发出的光不是完全纯色，而是有一个分布。图 2.2 所示的是一个 LED 光谱特性示意图，图中

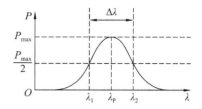

图 2.2　LED 光谱特性图

给出了半峰带宽的波长范围 $\Delta\lambda$，即连接两个半峰值功率点线段之宽度，该参数反映了 LED 的色纯度与亮度。理解了表 2.2 所列的参数，就能帮助我们确定适合于应用要求的 LED。

前面反复提到，LED 的发光颜色与电流相关。为了给读者一个清晰的概念，表 2.3 所列的是一种蓝光 LED 分别流过 20mA 及 5mA 正向电流时的特性比较。可以发现，随着正向电流变小，除了发光强度变小外，波长变长，无论是主波长还是峰值波长均如此，都向红光方向偏移了 2nm。

表 2.3　蓝色 LED 在不同正向电流时的特性

正向电流 I_F /mA	正向电压 U_F/V		波长 /nm			发光强度 /mcd	
	典型值	最大值	λ_D	λ_P	$\Delta\lambda$	最小值	典型值
20	3.3	3.9	470	468	40	35	60
5	2.8	3.15	472	470	40	9	25

根据图 2.1 所示的电阻限流 LED 驱动电路，下面给出一个具体的计算实例。假设图中采用了蓝色 LED 以及 5V 的供电电源，期望的驱动电流为 10mA。从表 2.2 可知，图中蓝光 LED 的典型正向导通电压为 3.3V，于是可以确定所需要的限流电阻的典型值为

$$R = \frac{U - U_F}{I_F}$$

其中，U 为电源电压，U_F 为正向导通电压，I_F 为正向导通电流。代入具体数值，可以求得限流电阻的阻值应该取为 170Ω。

需要注意的是，上述过程在实际的情形中还要考虑到以下因素。首先，每个 LED 的正向导通电压都是不同的，表 2.2 所列的是典型值与最大值：典型值可用于求限流电阻数值，但其确切数值对于不同 LED 元件是变化的；最大值则可用来定性确定所设计的 LED 驱动是否是可实现的，如上述蓝光 LED 若是被用于 3.3V 供电的单片机系统中，很大可能 LED 无法点亮。其次，在选定具体 LED 元件之后，它的正

向导通特性虽然确定，但其正向导通电压事实上是正向电流的函数。图2.3给出了一个典型的LED的正向电压-电流特性曲线，可见不同的驱动电流下正向电压会有差异。最后，所使用的电阻因存在容差，也会引入不确定性。另外，所有的电子器件几乎无一例外地会受环境温度的影响，包括LED的各种性能参数同样如此。综上所述，使用限流电阻的方式来驱动LED会引入各种不确定性，实际的驱动电流与期望值可能存在某些差异。对于一些简单应用，这是可以接受的，但若需要提高驱动电流的控制精度或要提升驱动效率等，可以考虑采用其他方法。

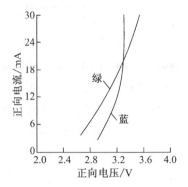

图2.3　蓝色LED与绿色LED的正向电压-电流曲线

2.2　恒流源驱动

若能准确地产生LED的驱动电流，并且尽量使之与所用LED正向压降无关，还要减小或避免环境温度及其他因素的影响，这样的驱动电路显然比前述电阻限流电路更加合适。本小节就来讨论恒流源驱动电路。

所谓恒流源，是指输出电流保持恒定的电流源。恒流源具有以下特点：与负载无关；不随环境温度改变；内阻足够大。具有上述特征的LED驱动电路即为恒流源驱动电路。把恒流源用于驱动LED，主要有以下两方面的考虑：（1）避免超过LED允许的最大正向电流，保证可靠性；（2）每个LED都获得可预期且相匹配的亮度与色度。

实际应用时，通常还希望驱动电流必要时是可调的，以便于LED亮度的设定或调节，也即希望恒流源所保持恒定的电流是可以设定的，电流的调节或设定是通过改变电路中的设定电压来实现的，即这个设定电压将决定恒流驱动电流的大小。几乎所有的恒流源电路都是一个反馈控制过程，实际流过LED的驱动电流会被测量且被反馈到驱动前端进行比较与调节，保证驱动电流一直在设定的数值上，且与负载、电源电压或其他因素很少相关。恒流源可以有许多实现方案，本节将讨论一些可用于LED驱动的基本恒流源电路，它们大多使用三极管或场效应管来提供驱动及/或稳流调节。

2.2.1　三极管恒流源电路

恒流源电路可以用单个晶体管来构造。图2.4给出了两种单管恒流源驱动电路，它们的基本工作原理相似，图2.4（a）中电阻R_1与R_2组成分压电路，给三极管T的基极提供基极电压v_b及基极电流i_b，电阻R_3用于设定LED的驱动电流i_c。一般来说，环境温度变化会使三极管的直流放大倍数 β 产生比较明显的变化，典型值为 2% ℃$^{-1}$，电阻 R_3 起着负反馈的作用，能有效地抑制温度导致的 β 变化带来的驱动电流波动，只要 β 足够大，LED 的驱动电流与之无关，同时适当选择电源电压 Vcc，驱动电流也与 LED 的正向导通电压无关，从而得到一个对于环境温度的变化及 LED 正向导通电压基本不敏感的驱动电路。

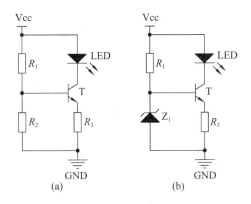

图 2.4　两种单管恒流源驱动电路

　　下面来计算 LED 驱动电流。假设晶体管的直流放大倍数 β 足够大，基极电流 i_b 将足够小，为简洁起见，假设它是可以忽略的。于是通过电阻分压可以得到晶体管的基极电压为

$$v_b = \frac{R_2}{R_1 + R_2} Vcc \tag{2.1}$$

驱动电流近似等于流过采样电阻 R_3 的电流，即

$$i_c \approx i_e = \frac{v_b - 0.6\text{V}}{R_3}\text{A} \tag{2.2}$$

这里，假设使用的是硅晶体管，其基极-发射极电压 $v_{be} = 0.6\text{V}$。可见，LED 的驱动电流可以由电路中的三个电阻所决定。现给出一个具体的计算实例：电源电压取 $Vcc = 5\text{V}$，要求驱动电流 $i_c = 5\text{mA}$。我们选取 $R_1 = 3.9\text{k}\Omega$，$R_2 = 1.1\text{k}\Omega$，于是求出

$$v_b = 1.1\text{V}$$

进一步可以确定

$$R_3 = \frac{v_b - 0.6\text{V}}{i_c} = 100\Omega$$

　　观察式（2.1）不难发现，实际流过 LED 的驱动电流不仅仅与所选的电阻数值相关，还与电源电压有关。这在应用中会带来不便。如果电源电压有波动，LED 驱动电流随之波动，或更换了一个电源，分压电阻就必须做出相应的改变。针对这种情形，可以把图 2.4（a）所示电路中的 R_2 替换成一个稳压管或一个参考基准电压源，从而得到如图 2.4（b）所示的电路，LED 驱动电流将与电源电压无关。例如，若选取 Z_1 为 1.25V 的基准电压，即同样希望得到 5mA 的 LED 驱动电流，可以求出电流

采样电阻R_3的阻值为

$$R_3 = \frac{v_{Z1} - 0.6}{i_c}\Omega = 130\Omega \tag{2.3}$$

图 2.4 所示的恒流源电路中有两个问题需要做进一步的讨论：大电流驱动及晶体管 PN 结电压v_{be}的温度特性。大电流驱动时，需要用到大功率的晶体管，而大功率晶体管的直流放大倍数通常较小，之前计算过程中关于直流放大倍数β足够大的假设将不再成立，而v_{be}的温度特性则会使上面计算时所用的$v_{be} = 0.6$V 不再正确。接下来给出一种能够解决这两个问题的恒流源电路。

一般来说，上述图示的单管电路并不适用于大电流驱动时，可以考虑使用图 2.5 所示的双管方案，增加一个大功率晶体管T_2来提升能力。与小功率三极管具有大的电流放大倍数不同，大功率晶体管β通常比较小，需要给它提供足够大的基极电流才能实现输出驱动。两级放大电路中T_2的基极电流通过R_4提供，可以根据驱动电流的要求及T_2管β值的大小确定该电阻的阻值。驱动电流的设定依然是通过电阻分压确定，晶体管T_2的基极电压为

$$v_{b2} = \frac{R_2}{R_1 + R_2}Vcc + 0.6V \tag{2.4}$$

其中的 0.6V 是晶体管T_1的 PN 结电压，若不计T_2的基极电流，则可求得 LED 驱动电流为

$$i_{c2} = \frac{R_2}{R_3(R_1 + R_2)}Vcc \tag{2.5}$$

特别需要指出的是，图 2.5 所示的双管电路不仅可以提供更大的驱动电流，同时由式（2.5）可以看出，这种结构的电流源所设定的电流与晶体管的 PN 结电压v_{be}无关，因此，随着温度的漂移不会对驱动电流产生影响，它具有很好的温度稳定性，这是因为两个晶体管的结电压v_{be}互相抵消了。显然，要想两个晶体管的结电压v_{be}完美抵消，两个管子的特性必须完全相同。如果特别强调恒流源的温度特性，应该使用半导体厂家生产的对管来实现上述电路，一般来说，对管具有非常好的双管对称性。

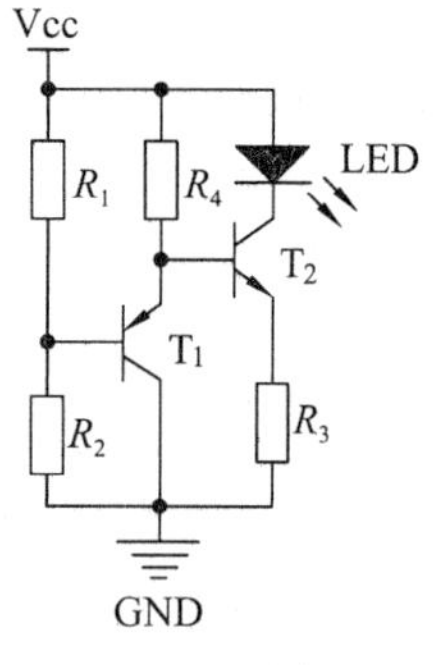

图 2.5　双管恒流源驱动电路

例如，假设$\beta_2 = 20$，要求 LED 的驱动电流为 500mA，取 Vcc=5V，则可以选择以下的参数来达到目的：$R_1 = 9.1$kΩ，$R_2 = 1$kΩ，$R_3 = 1\Omega$，$R_4 = 120\Omega$。

当然，如果依然希望上述电路能得到对电源电压不敏感的恒流源，同样可以把电路中的R_2替换成一个稳压管或一个参考基准电压源。

2.2.2　场效应管恒流源电路

前面已指出，理想恒流源的内阻无穷大，负载电阻的大小对于输出电流不会产生

影响。当然，实际的恒流源内阻不可能是无穷大，但内阻更大的恒流源的负载适应性更好。使用场效应管（FET）构成的恒流源会比晶体管电路具有更大的内阻。本小节首先详细讨论由结型场效应管（JFET）组成的恒流源电路，然后对金属氧化物场效应管（MOSFET）组成的恒流源电路进行了分析。

图 2.6（a）所示的是 N-沟道结型 FET 的结构示意图，经掺杂在半导体基片上分别形成三个区域，两边为两个 P 区，中间为 N 区，于是形成了两个 PN 结，它有三个引出极，分别是栅极 G、源极 S 和漏极 D。N-沟道结型 FET 的电路符号如图 2.6 所示。N 区连接了源、漏两极，它的多数载流子为电子，如果在两极间加上电压就可以导通。若在栅源之间加上反向电压[图 2.6(b)和(c)]，即 S 的电位比 G 的电位高，S 与 G 之间的 PN 结反偏，在该电场作用下，PN 结增厚，导电沟道被逐渐耗尽变窄，持续增加反偏电压，就会达到一个阈值U_{th}，只要栅源两极之间所加的反偏电压超过该值，源漏两极之间的导电沟道全部消失，不再导通。这个阈值电压被称为 FET 的关断电压$V_{GS(off)}$，当U_{GS}大于这个电压时 FET 导通，否则 FET 截止。应该注意的是，不同类型的 FET 关断电压的极性是不同的，如金属氧化物半导体场效应管（MOSFET）这个值是正的，N-沟道结型 FET 这个值则是负的。

如果在 D 与 S 之间加上电压，D 与 G 之间会形成反偏电压，将产生如图 2.6（b）与（c）所示的 PN 结右边增厚的情形，持续提高U_{DS}到某个临界值，称为 FET 的夹断（Pinch-off）电压$U_{DS(po)}$，导通沟道开始夹断。但此时源漏两极之间依然会有电流流过，只是导通电流的大小与U_{DS}无关，而受U_{GS}控制，U_{GS}大，则导通电流I_D大，U_{GS}小，则导通电流I_D小，类似于一个可变电阻。根据 PN 结与导电沟道的形态，FET 有三种工作区：截止区、欧姆区（也称为线性区）及夹断区。

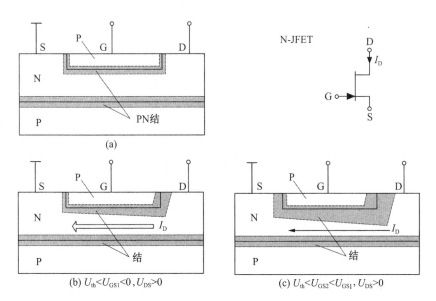

(b) $U_{th}<U_{GS1}<0, U_{DS}>0$　　　(c) $U_{th}<U_{GS2}<U_{GS1}, U_{DS}>0$

图 2.6　JFET 结构与工作原理

当$U_{GS} < U_{GS(off)}$时，FET 位于截止区，漏极与源极之间不通，处于截止状态，不会有电流流动。

当$U_{GS} > U_{GS(off)}$且$U_{DS} < U_{DS(po)}$时，FET 位于欧姆区，漏极与源极之间通过沟道连通，处于导通状态，沟道的有效导通截面取决于U_{GS}，FET 的作用近似一个电阻，阻值的大小与U_{GS}有关。

当$U_{GS} > U_{GS(off)}$且$U_{DS} > U_{DS(po)}$时，FET 位于夹断区，漏极与源极依然有电流流动，电流大小与加在两极之间电压几乎无关，仅与U_{GS}有关，等效输出阻抗很大。作为电流源使用时，应尽量使 FET 工作在这个状态。图 2.7 所示的是 FET 的输出特性，可以看到夹断区的等效输出阻抗很大，此时的 FET 显示出相当理想的电流源特性，漏极电流I_D与所加的漏源电压U_{DS}基本无关，而是取决于栅极电压U_{GS}，可见此时的 JFET 可以看作是一个栅极电压控制的电流源。

应用 FET 时，需要注意选择它的一些参数。首先是栅极-源极电压U_{GS}，当 FET 工作在夹断区时，它决定 FET 的工作电流，两者一起形成了 FET 的工作点，通常可以根据如图 2.7 所示的输出特性来确定所期望电流的工作点。其次是漏极-源极电压U_{DS}，若欲使 FET 工作在夹断区，应适当选择电源电压来保证它不小于夹断电压$U_{DS(po)}$，即

$$U_{DS} > U_{DS(po)} = U_{GS} - U_{GS(off)}$$

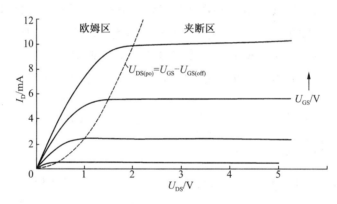

图 2.7　FET 的输出特性

FET 的U_{GS}与I_D都与环境温度相关。于是，如果用它来构造恒流源，所得到的恒流源特性将受环境温度的影响。然而，有意思的是，我们可以通过设置工作点，让这两者随着温度变化的部分相消，从而得到与温度无关的恒流源。图 2.8 所示的是两条分别对应于温度为T_1和T_2（$T_2 > T_1$）的 FET 的栅极电压与漏极电流之间的传输特性曲线，可以发现它存

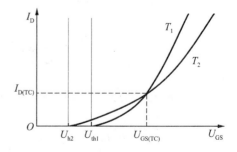

图 2.8　FET 传输特性的温度响应

在一个交叉点，称为温度补偿工作点，此点对应的栅极电压 U_{GS} 与漏极电流 I_D 之间的传输关系不会随环境温度变化而变化，分别将它们称为温度补偿栅极电压 $U_{GS(TC)}$ 及温度补偿漏极电流 $I_{D(TC)}$。把 FET 的工作点设计在这里就能构成对环境温度不敏感的恒流源电路。对于结型场效应管，它们可由下面的公式近似确定：

$$U_{GS(TC)} \approx U_{GS(off)} + 0.7V \sim U_{GS(off)} + 1V$$

$$I_{D(TC)} \approx 0.25K \sim 0.5KA$$

式中，K 是场效应管的跨导系数，代表了图 2.8 所示的传输特性曲线的斜率。图 2.8 所示的夹断区 FET 传输特性曲线可以用中心位于 $U_{GS} = U_{GS(off)}$ 的二次多项式（抛物线）来近似表示，即

$$I_D = K(U_{GS} - U_{GS(off)})^2$$

上式中的系数 K 即 FET 的跨导系数，量纲为 A/V^2。

可以很方便地用 N 沟道 JFET 构造一个 LED 驱动的恒流源电路。我们用一个具体的例子来给出设计的过程。假如要给一个蓝光 LED（假设其正向导通电压为 3V）提供 1mA 的驱动电流，希望用图 2.9 所示输出特性的 JFET 来实现此目的。

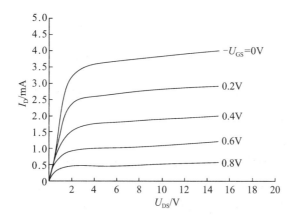

图 2.9　某型 N-JFET 漏极电流-漏源电压输出特性曲线

为此可以使用图 2.10（a）所示的电路，需要做的只是确定其中的串联电阻 R 及适当的供电电压。串联电阻 R 主要用于决定 JFET 的漏极电流，即 LED 的驱动电流大小，电源电压则应该保证 JFET 上的电压降能使之工作在夹断区，从而使驱动电流对于 LED 的正向电压降不敏感。由图 2.9 可以看出，产生 1mA 的驱动电流需要给这个型号的 JFET 设定的工作点是

$$-U_{GS} = 0.6V$$

求出串联电阻的阻值为

$$R = \frac{U_{GS}}{I} = 600\Omega$$

同时，从输出特性曲线上可以看到，为了使 JFET 工作在夹断区，应使 $U_{DS} \geqslant 3V$。考虑到串联电阻的电压降，可以确定最小电源电压为

$$U_b = 3.6V + U_F$$

其中，U_F 是 LED 的正向压降。这里可以取一个 9V 的电源来供电。此时，电源输出的功率是 9mW，LED 上消耗的有效功率为 3mW，串联电阻上消耗的无效功率为 0.6mW，JFET 上消耗的无效功率为 5.4mW，可见电转换效率仅有 33%。实际应用中应采用尽可能低的供电电压，以提高效率。上述例子中，如果选取电压为 6.6V 的最低工作电压，电源输出的功率是 6.6mW，电转换效率将提升到 45%。

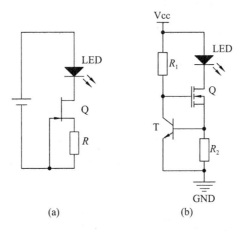

图 2.10　两类 FET 实现的 LED 驱动电路

从图 2.10（a）结型场效应管电路的应用例子中可以看到，它的驱动效率比较低，管子上会产生相当大的电压降，消耗掉相当一部分功率。特别地，当 LED 工作电流较大时，这是完全不可接受的，不仅效率低，还产生大量的热量。下面讨论图 2.10（b）所示的金属氧化物场效应管（MOSFET）所构成的驱动电路，N 沟道的 MOSFET 被广泛用于各类功率驱动上，像开关电源、直流电机驱动等，用它来设计 LED 的驱动电路，可以显著提高驱动效率。使用 MOSFET 构造 LED 驱动电路与上述 JFET 电路不同，MOSFET 将处于近饱和线性状态，它的导通电阻可以做得很小，设计得当的驱动电路可以让管压降很低。一般来说，取 MOSFET 的栅-源电压为其截止电压的 2 倍，就能让它工作在饱和导通状态。下面结合图 2.10（b）所示的 MOSFET 驱动电路来说明工作过程。MOSFET 的截止电压 $U_{GS(off)}$ 是正的，想让图中的场效应管导通，给 LED 提供驱动电流，必须把栅极电压 U_{GS} 拉升到超过截止电压，其中的电阻 R_1、三极管 T 以及串联电阻 R_2 构成了一个反馈调节电路。如果期望的 LED 驱动电流为 I_D，则串联电阻 R_2 为

$$R_2 = \frac{U_{be}}{I_D} \tag{2.6}$$

R_1 可以选 100kΩ 左右，它与三极管 T 构成很强的反馈，无论什么原因使得驱动电流 I_D 发生变化，都会立刻调节 U_{GS}，使 I_D 稳定在设计值上。该电路的最大调节电流是由 MOSFET 的饱和导通电流所决定的，用它的导通电阻来计算很方便。当 U_{GS} 足够大

时，MOSFET 的作用等同于一个导通电阻 R_{ON}。一些大功率应用场景下 MOSFET 的 R_{ON} 可以做到很小，甚至可低于 $1m\Omega$，可通过很大的电流。用图示电路设计 LED 驱动时，要根据最大电流要求选择恰当的 MOSFET。例如，想为一个或多个并联的 LED 模块提供 1A 的大电流驱动，要求驱动电路能控制 I_D 在 $0\sim1A$ 之间变化，进一步假设电源是 5V，LED 正向压降 $U_F=3V$，所选择的 MOSFET 导通电阻 $R_{ON}=1\Omega$，则图 2.10（b）所示驱动电路是可以实现驱动电流在指定范围内的调节过程的。但若选的 MOSFET 的导通电阻 $R_{ON}=10\Omega$，则驱动电流便只能在 $0\sim0.14A$ 的范围进行调节了。

接下来具体分析一下图 2.10（b）所示电路的电功率转换效率。假设 LED 的驱动电流需要在 $0\sim20mA$ 范围内调节，唯一需要做的是改变串联电阻 R_2 的数值，具体数值可根据式（2.6）来确定。例如，若采用硅晶体管 T，$U_{be}=0.6V$，则

$$R_2=30\Omega，当 I_D=20mA 时$$
$$R_2=300\Omega，当 I_D=2mA 时$$

假设 $I_D=20mA$，所使用的 MOSFET 导通电阻 $R_{ON}=1\Omega$，取尽可能低的供电电压为 3.6V，MOSFET 此时将工作在接近饱和导通区域，漏-源电压接近为 0，几乎不消耗功率，可以求出电源输出的功率为 72mW，LED 上消耗的有效功率为 60mW，串联电阻上消耗的无效功率为 12mW，电功率转换效率达到 83%。实际应用中为了适应 LED 正向导通电压存在的离散度，需要适当放宽电源电压，由此产生的附加压降将出现在 MOSFET 漏极与源极之间，管子会消耗一定的功率，转换效率也会有些下降。

下面来讨论一下图 2.10（b）所示电路电源电压升高后的电流调节特性，这对于实际的 LED 驱动应用是有意义的。如果前面的例子中并不是取尽可能低的电源电压，而是取了一个高一些的电压，会出现什么情况呢？例如，把 3.6V 的电源电压升到 12V，LED 的驱动电流依然会保持在 $I_D=20mA$，它是由串联电阻阻值 $R_2=30\Omega$ 及晶体管 T 的 $U_{be}=0.6V$ 共同决定的，与供电电压无关，这正是我们所希望的。但是 MOSFET 的漏-栅电压将会上升，由于 LED 的正向导通电压基本不变，上述例子中的 $U_F=3V$，简单计算后可得 MOSFET 漏-源电压为

$$U_{DS}=Ucc-U_F-U_{be}=8.4V$$

这意味着场效应管上将消耗 168mW 的功率，以热辐射的形式耗散掉，结果导致整个电路的驱动效率明显下降，仅有 30%。因此，在设计电路时应该在保证 LED 正向正常导通的前提下，电源电压尽可能低一些，这样做对于提高驱动效率是有益的。

再有一个需要考虑的问题是如何实现可调节的电流驱动。由前面的讨论已经得知，这仅需改变串联电阻的阻值就能实现，最方便的方法是把它替换成一个可调电位计，调节不同的电阻就能产生不同大小的驱动电流。然而，此非最优方案，因为前面关于 LED 特性的讨论已经明确，LED 驱动电流对于发光的光谱特性会产生影响，对于色纯度要求高的应用这不是所希望的。于是需要寻求一种既保证光谱特性恒定，又

能实现亮度调节的方法，这就是脉冲宽度调制（pulse-width modulation，PWM）驱动电路。

2.2.3　脉冲宽度调制（PWM）驱动电路

脉冲宽度调制不是什么新鲜事，在开关电源、电机调速等场合应用广泛，其特点是可以做到高效率的能量控制与变换。LED 驱动在控制亮度时，本质上也是能量调节过程，亮的时候释放的光子多些，暗的时候释放的光子少些。然而，所有的光能都是从电源提供的电能转换而来的，希望这种转换是高效率的。更重要的问题是调节 LED 的亮度时，希望其驱动电流不变，以保持色彩的恒定。PWM 驱动电路可以做到这两点。

LED 的 PWM 驱动电路本质上可以理解成由两个部分构成的：恒流源电路与 PWM 定时控制电路。恒流源电路是为了让 LED 稳定发光，颜色稳定，并且确保电流不会超过极限参数；PWM 定时控制电路是为了调节 LED 的发光亮度，且保证变换效率。

PWM 定时电路根据所期望的亮度设定，产生一个恰当占空比的 PWM 脉冲，这个脉冲传送到恒流源驱动电路，后者产生脉动变化的驱动电流序列，如图 2.11 所示。这里的 PWM 脉冲序列周期固定，占空比可变，占空比根据对 LED 的亮度控制要求而定，占空比大亮度高，占空比小亮度暗。恒流源电路是根据输入的 PWM 脉冲序列的电平高低，相应地产生或切断 LED 的驱动电流，如果是开启导通状态，则有确定的驱动电流 I_D 流过 LED，将它点亮，该电流的大小根据 LED 的驱动要求给定；如果是关断状态，则驱动电流为 0。可见，LED 要么是以所期望的电流被点亮，要么被完全关断，它一直处于这样一种开关切换状态。如果切换频率很低，人眼能看到 LED 闪烁；但当切换频率足够高后，由于人眼的视觉滞留现象，将不再会感觉到 LED 闪烁，而认为其是一个连续发光的光源了。观察到的亮度与平均发光时间占总时间的比例成正比，也即 LED 的辐射功率与 PWM 序列在每个周期内开启恒流驱动的时间占比（称为占空比）成正比。占空比用百分数来表示，它代表的是一个 PWM 周期内 LED 点亮（ON）时间所占的百分比。如果占空比为 100%，LED 将处于最大辐射强度；如果占空比降至 50%，LED 辐射强度会降至最大值的一半。通过定时电路的精确控制，能够达到十分精确的亮度控制。

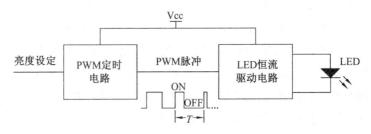

图 2.11　PWM 控制的恒流源

　　如何才能构建一个 PWM 控制的恒流源呢？下面给出一个例子。这里使用之前已经熟悉的如图 2.10（b）所示的恒流源电路，在它的基础上只要附加一个小功率场效应管 Q_2 及一个下拉电阻 R_3 就能构成 PWM 控制的恒流源电路，如图 2.12 所示。注意，这里的 PWM 序列使用的是负逻辑，即 PWM 控制信号高电平时 LED 熄灭，PWM 控制信号低电平时 LED 工作，工作电流由恒流源电路确定，一般选能使 LED 发出最大辐射强度的电流，但必须在安全的极限参数之内，不然很容易造成 LED 的永久性损坏或快速缩短其使用寿命。

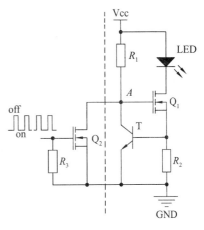

图 2.12　PWM 控制的恒流源电路实例

此外，电阻 R_3 是下拉到地的。因此，假如控制输入端悬空，N 沟道的场效应管 Q_2 恒为截止，相当于断路，于是图 2.12 的电路将变回图 2.10（b）给出的恒流源电路，LED 持续以最大电流导通，辐射出最高光强。如果希望控制端悬空能关断 LED 显示，则可以将电阻 R_3 改为上拉到 Vcc 即可。可见，场效应管 Q_2 起着一个对于后端恒流源驱动电路开关的作用，使电路的有源器件 Q_1 工作在开关状态，导通时电流大、管压降低，截止时管压降高、电流小，这意味着在 LED 驱动过程中 Q_1 的功耗都较小。事实上，精心设计的 PWM 驱动电路可以做到驱动场效应管工作时接近零功耗，从而使驱动电路达到很高的效率。

1.PWM 的工作频率、周期与占空比

　　前面已指出，应用 PWM 对 LED 进行亮度控制是利用人眼视觉滞留效应，LED 被快速开关，打开时的电流是不变的，通常取成保证色彩与亮度的最大电流，以便获得最大的动态控制范围，该电流实际流过 LED 的时间占比则是被控制的，只要这个开关频率足够快，一般不低于 100Hz，人眼视觉的生物学特征使它们无法对频率高于 30Hz 的亮度变化做出响应，当高频开关状态发生时，人眼视觉效果将会使得所感知到的亮度与 PWM 信号的占空比呈线性关系。因此，这样就能做到在保证颜色不被改变的前提下实现 LED 亮度的线性调节。

　　只要控制 PWM 的占空比就能调节 LED 的亮度，这仍然存在着缺点，主要表现在发出的光线品质及对其他物体的影响上。首先，尽管对高于 30Hz 频率的亮度变化，人眼不能响应，但即使是对于 100Hz～2kHz 的低频（即使它已经高出 30Hz 的标准许多，但对于 PWM 而言，它仍属于低频范围），人类依然会有细微的感受，导致眼部肌肉紧张与疲劳。其次，某些非人类生物生长在此环境下，动物们可能会看到高频光闪烁。再次，这样的闪光调节会在录制视频时形成明暗光带。最后，PWM 调节亮度还会产生闪光效应，即把周期性运动物体呈现成静止的物体了。例如，PWM 频率与风扇转速一致，看到的将不再是高速旋转的转页，而是一个静止的转页。为了避免上述缺陷，尽可能使用高于 2kHz 的 PWM 频率，即使周期小于 0.5ms。

虽然减小PWM周期有助于改善上述问题，但是不是可以无限制地提高工作频率、减小周期呢？答案是否定的。这里有两个问题需要考虑：PWM分辨率与驱动电路的带宽。定时电路在生成PWM脉冲序列时，其分辨率不是可以无限的，会受制于硬件及其他制约因素。分辨率是指单个PWM周期能分解成多少个可控单元，从而构成最小可变的占空比单位。例如，分辨率是1/1 000，则表明一个周期被分成了1 000等份，占空比可以是0%，0.1%，…，100%。更高的分辨率意味着更多的亮度等级，即显示系统会有更高的对比度。在PWM周期（频率）确定的情况下，分辨率越高，单位占空比所取的时间越短，如果使用的是2kHz的PWM频率，周期为0.5ms，这意味着PWM定时电路必须能准确产生0.5μs的时间基准才能获得千分之一的分辨率。

此外，后端的恒流驱动电路的带宽会在很大程度上限制PWM最高工作频率。理想情况下，PWM控制信号有效时，电路导通；相反地，PWM控制信号无效时，电路截止，如图2.13（a）所示。实际情形并非完全如此。几乎所有的电路存在动态响应过程，如果所要处理的是高频信号，必须要考虑信号的上升时间与下降时间。事实上，无处不在的各种耦合电容、驱动电路中MOSFET的结间电容等是产生信号过渡过程的主要原因，使得信号既不能瞬

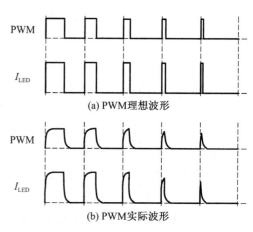

图2.13 高频PWM理想波形与实际波形对比

间上升，也不能瞬间下降，而会呈现出如图2.13（b）所示的过渡过程。唯有这样的过渡过程对于所针对的应用可以忽略不计的情形下才可以不去考虑它们。通俗地讲，一个器件或系统可以正常通过的信号频率范围就是系统带宽的概念。LED的恒流源驱动电路通常是有带宽指标的，设计与应用时必须保证信号工作频率在其范围内，否则会产生如图2.13（b）所示的明显波形畸变，也就失去了对电流的控制精度。

从上述最简单的PWM驱动电路的分析可以看出，对于LED精确的亮度控制的关键之一是如何产生具有精确占空比的PWM控制脉冲。例如，想要产生最高辐射强度，可以输入直流的"ON"电平（注意，不一定是高电平，上例中就是低电平点亮LED），发出1/4最大光强，产生25%的占空比，等等。由于PWM亮度控制电路具有的优点，在各类LED显示屏中都得到了广泛应用。接下来给出两种PWM序列发生电路：由555定时器构成的PWM发生电路，由单片机构成的PWM发生电路。

2. 由555定时器构成的PWM发生电路

555定时器是一种用途相当广泛的定时控制集成电路，用于产生精确的延时与振荡。它既可以工作在单稳态，也可以工作在非稳态。当工作在单稳态时，每个触发信

号都可以产生可控制长度的有效输出，通常是高电平。如果给触发端施加期望频率的连续触发脉冲，便可产生有效长度可设定的脉冲宽度调制序列。当工作在非稳定状态时，不用外部触发时钟输入，本身就能产生频率与占空比可设定的脉冲序列，因此同样可用于产生 PWM 信号序列。

为了帮助读者理解具体的工作过程，图 2.14 给出了 555 定时器电路的工作原理图，虽然有许多半导体厂家生产不同型号的 555 定时器，也可能使用基于 TTL 或 CMOS 等不同的技术，但它们的工作原理类同，只是具体技术指标会有些许差异，以适应不同的应用场景。555 定时器通常有 8 个引脚，除了电源 Vcc 与地 GND 之外，还包括若干功能引脚，如表 2.4 所示。555 定时器的核心是内部的一个触发器，它的输出经缓冲后产生输出 OUT，555 定时器的输出一般具有较大的驱动能力，根据输出高低电平的不同，能流出或流入高达 200mA 的电流，对于驱动单个或若干个 LED 应该是足够了。如果需要更大的驱动电流，则可以扩展驱动级。同时，触发器的输出还会去控制一个三极管集电极开路（OC）的放电端，在本小节后面的应用电路设计中会发现该输出端可用于定时电容的放电。555 定时器电路有两个输入引脚，分别是定时开始的触发引脚（TRIG）以及定时结束的阈值引脚（THRES），它们一起决定触发器的状态。从原理图上可见，当控制引脚（CONT）悬空，内部三个相同阻值的电阻构成分压电路，分别给两个比较器 C_1 与 C_2 提供了约 $0.67Vcc$ 与 $0.33Vcc$ 的参考电压。当 TRIG 端的电压低于比较器 C_2 的参考电压，触发器被比较器 C_2 的输出置位，输出 OUT 变高。当 THRES 端电压超过比较器 C_1 的参考电压，触发器被比较器 C_1 的输出复位，输出 OUT 变低。这是 555 定时器电路的基本工作原理，所有应用电路，包括想要用它来构成的 PWM 电路都基于此。如果不想采用 $0.67Vcc$ 与 $0.33Vcc$ 作为比较器 C_1 与 C_2 的参考电压也是可以的，这就是引入控制端 CONT 的目的。强制在控制端 CONT 外加一个参考电压 V_{REF}，它将成为比较器 C_1 的参考电压，同时，C_2 的参考电压则变成 $\frac{1}{2}V_{REF}$。

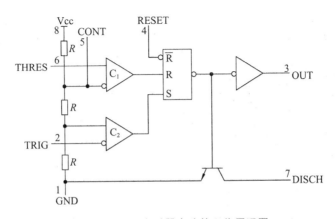

图 2.14 555 定时器电路的工作原理图

表 2.4　定时电路 555 的引脚定义

引脚		I/O	说　明
名称	编号		
GND	1	—	地
TRIG	2	I	定时开始触发。当 TRIG 上的电压 $<\frac{1}{2}$CONT 上的电压时，输出端变高，放电端开路
OUT	3	O	输出端
RESET	4	I	复位端（低电平有效），加低电平将强制把输出端与放电端拉至低电平
CONT	5	I/O	比较器阈值控制。用作输出时电平为 $\frac{2}{3}$Vcc（可外接旁路电容）
THRES	6	I	定时结束阈值。当 THRES 上的电压>CONT 上的电压时，输出端与放电端都变低
DISCH	7	O	放电端引脚。集电极开路（OC）输出用于给定时电容放电
Vcc	8	—	电源

在清楚 555 定时器的结构与原理之后，可以具体来说明如何使用它们构成电路产生 PWM 序列了。图 2.15 所示的是工作在单稳态的 PWM 序列发生器。此时，触发信号上加的是一个宽度很窄的负脉冲序列，它的频率也就是所生成的 PWM 序列的工作频率。PWM 序列的占空比则是由外加电阻 R 与定时电容 C 的取值所决定的。下面来分析一个触发周期内发生的情形。根据之前关于 555 定时器的结构与原理的说明，

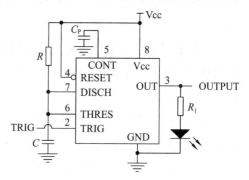

图 2.15　单稳工作状态
555 定时器脉宽调制电路

当 TRIG 是一个低电平脉冲时，只要电平低于 0.33Vcc，输出 OUTPUT 变高，LED 灯被点亮；同时，定时电容放电端 DISCH 开路，电源经过电阻 R 开始给定时电容 C 充电，电容 C 两端的电压（即 THRES 端的电压）开始上升，高电平输出状态将维持，直到 THRES 端的电压达到结束阈值 0.67Vcc，输出复位变成低电平，LED 熄灭，同时电容放电端 DISCH 与地之间被饱和导通，THRES 端的电压瞬间近似为 0 电平。下一个 TRIG 周期将重复上述过程。各个信号的时序图如图 2.16 所示。

可见，这样的 LED 驱动电路的 PWM 周期是由外部触发负脉冲序列周期决定的，占空比则完全由定时参数 R 与 C 的取值而定，它们构成一个一阶系统。充电时，定时电容两端的电压由下式确定：

$$u_C(t) = Vcc(1 - e^{-\frac{t}{T}}) \tag{2.7}$$

其中，

$$T = RC$$

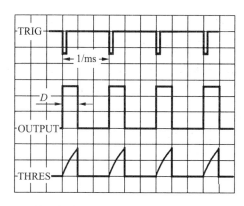

图 2.16　单稳状态 555 定时器脉冲宽度调制电路时序图

称为 RC 电路的时间常数，电容充电的速度与这个时间常数成反比关系，时间常数越大，充电越慢。根据式（2.7），可以求出 $u_C(t)$ 上升到 $0.67V\mathrm{cc}$ 的阈值所需要的时间，即为每个周期 LED 被点亮的时间：

$$D = 1.1RC$$

例如，图 2.16 所示的时序图中 PWM 频率是 1kHz，则 TRIG 的周期为 1ms，若希望产生 $\frac{1}{3}$ 占空比的 LED 驱动脉冲宽度调制，则可取

$$R = 1.1\mathrm{k}\Omega,\ C = 0.1\mu\mathrm{F}$$

需要指出的是，当 R 或 C 取得过大，RC 电路的时间常数也会变大，只要时间常数足够大，就有可能在一个触发周期内来不及达到 $0.67V\mathrm{cc}$ 的阈值，从而跳过一个或多个触发脉冲。若 R 或 C 取得太小，定时电容两端的电压很快上升达到阈值，就有可能仍然在触发脉冲的低电平位置，输出将不能正确复位，这就意味着最小的占空比是受限制的。一般来说，555 芯片要求 THRES 电压达到阈值时，TRIG 信号已经高于 $0.33V\mathrm{cc}$ 的阈值一段时间了，如 $10\mu\mathrm{s}$，否则不能保证输出反转。

可以发现，为了使图 2.15 所示的电路构成 LED 驱动用的 PWM 序列发生器，它并不能由 555 定时器电路单独完成，需要外加触发时钟。其好处是可以采用某种稳定的时钟源。能不能不借助于外部时钟源就构成 PWM 序列发生器呢？如图 2.17 所示的无稳工作状态 555 定时器电路就能达到此目的，它不仅能通过电阻、电容的选择产生期望的占空比，还能自行产生振荡，振荡频率同样取决于所选的阻容元件的参数。

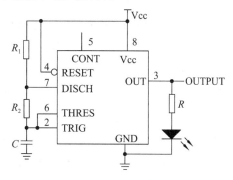

图 2.17　由无稳工作状态 555 定时器电路构成的 PWM 电路

图 2.17 所示电路触发与结束阈值两端点一起与定时电容相连，当电容两端的电压低于 $0.33V\mathrm{cc}$，输出高电平驱动 LED，同时放电端开路，电源 $V\mathrm{cc}$ 经由 R_1 与 R_2

串联后给 C 充电，电压不断上升，直到 $0.67V\mathrm{cc}$ 时，触发器在 THRES 作用下反转，输出变低，LED 关断，同时放电端 DISCH 近似接地，电容上的电压经由 R_2 放电，直到低于 $0.33V\mathrm{cc}$。如此周而复始，该系统将自行振荡，输出高电平的持续时间 t_{ON} 为 C 上的电压从 $0.33V\mathrm{cc}$ 经由 R_1、R_2 串联充电到 $0.67V\mathrm{cc}$ 所需要的时间，而输出低电平 t_{OFF} 则是 C 上的电压从 $0.67V\mathrm{cc}$ 经由 R_2 对地放电到 $0.33V\mathrm{cc}$ 所需要的时间。要计算上述两个时间，不能直接使用式（2.7），这是因为当前情形下电容存在初始电压 v_{C0}，充电时，这个初始电压为 $0.33V\mathrm{cc}$，电容上的电压由下式给出：

$$u_C(t)=v_{C0}\mathrm{e}^{-\frac{t}{(R_1+R_2)C}}+V\mathrm{cc}\left[1-\mathrm{e}^{-\frac{t}{(R_1+R_2)C}}\right] \tag{2.8}$$

令上式左边等于 $0.67V\mathrm{cc}$，就可以求出

$$t_{\mathrm{ON}}=0.693(R_1+R_2)C$$

类似地，在放电时，电容上的初始电压 v_{C0} 为 $0.67V\mathrm{cc}$，电容电压由下式给出：

$$u_C(t)=v_{C0}\mathrm{e}^{-\frac{t}{R_2C}} \tag{2.9}$$

令上式左边等于 $0.33V\mathrm{cc}$，就可以求出

$$t_{\mathrm{OFF}}=0.693R_2C$$

它们所产生的 PWM 序列周期为

$$T=t_{\mathrm{ON}}+t_{\mathrm{OFF}}=0.693(R_1+2R_2)C$$

也即 PWM 序列的频率为

$$f=\frac{1}{t_{\mathrm{ON}}+t_{\mathrm{OFF}}}=\frac{1.443}{(R_1+2R_2)C}$$

占空比

$$D=\frac{R_1+R_2}{R_1+2R_2}$$

可见，只要适当地选择 R_1、R_2 以及 C 的数值，就可以由 555 定时器电路得到所期望的 PWM 波形的频率与占空比。

3. 由单片机构成的 PWM 发生电路

之前讨论的由 555 定时器构成的 PWM 电路在需要调整频率、占空比时，必须去修改相应的元件参数，这种硬件上的改动或调节在应用中不容易实现，也很麻烦，尤其对 LED 驱动的情形，很多时候会要求不断根据应用场景来改变显示的亮度。例如，户外屏希望能够根据环境光的强度自适应地改变显示屏的亮度，既保证白昼清晰可见，又能保证黑暗夜晚不耀眼。这样的调节过程必须自动实现，而不是靠通过调整电路参数来实现。接下来讨论用单片机实现的 PWM 发生电路，结合之前的恒流源作为后级功率驱动，可以构造出由程序控制的 LED 亮度调节电路。它是许多 LED 应用的典型驱动方式。

现在的单片机功能强大，可用于构成各种智能系统，用它们来实现 LED 的亮度控制十分方便有效。许多型号的单片机都自带能实现 PWM 调制的定时器硬件，设计时所要做的只是确定相应的输出引脚连接方式，根据具体所用芯片型号的不同，由程

序控制若干个相关寄存器的读写。由于单片机通常使用高精度的高频晶体作为其系统时钟，所实现的 LED 驱动用 PWM 序列发生器可以做到很高的工作频率以及很高分辨率的占空比，可供选择的范围很大，要想实时动态地改变 PWM 的频率与占空比，只需往某些寄存器写入适当的数据即可实现，对于 LED 驱动显得十分方便、高效。

　　本节将结合典型的单片机 PWM 结构，即定时器＋捕获/比较/PWM 模块结构，来说明如何构建 LED 驱动用 PWM 序列发生器，如何设定及改变序列的频率与占空比。关于单片机的一般性介绍，因超出了本书的范围，读者可以参考相关的书籍。

　　图 2.18 所示的是许多 MCU 中实现的 PWM 模块原理图，由捕获/比较（CCP）模块与定时器模块一起实现。PWM 需要一个定时器提供时间基准。在单片机中，一般会有多个可配置的定时器，可以选择其中的某一个定时器用于提供时间基准，而驱动这些定时器的时钟，则可由高精度的晶体振荡器所产生。但是，某些型号的单片机会指定特定的定时器用于 PWM 控制，应用时需加以注意。在 PWM 工作方式下，可以通过程序控制设定单片机在一个或多个引脚上产生 PWM 脉冲序列，它（们）的极性、频率与占空比等同样都能用软件方便地加以控制与改变，这是使用 MCU 生成 LED 的 PWM 驱动序列最具吸引力的方面，它带来了巨大的灵活性。图 2.18 所示的单片机 PWM 模块产生的 PWM 序列从 CCP 引脚输出。许多单片机的输出端口都是复用的，因此，若要将之用作 PWM 输出，通常需要将相应的端口配置成输出模式。

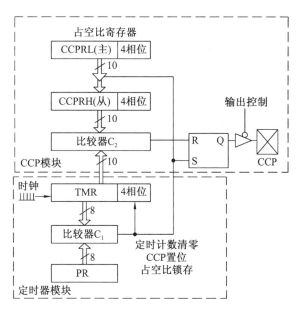

图 2.18　单片机中实现的 PWM 模块原理图

　　PWM 输出中两个基本参数是周期与占空比。周期由定时器模块的周期寄存器 PR 中的数据所决定，这个周期内高电平的部分则由主占空比寄存器 CCPRL 的值所决定。下面具体说明操作过程。定时器将从 0 开始计数，每一个计数时钟脉冲加 1，直到计数值与周期寄存器 PR 的数值相等，比较器 C_1 将执行以下操作：① 定时器清零，开始下一周期的计数；② PWM 输出置位，输出有效；③ 占空比寄存器重新锁存，开始新一周期内的占空比计数。可见 PWM 的周期由以下公式来确定：

$$T_{PWM} = [N_{PR} + 1] T_{CLK} \tag{2.10}$$

其中，T_{PWM} 为 PWM 脉冲序列的周期，频率 $f_{PWM} = \dfrac{1}{T_{PWM}}$；$N_{PR}$ 为周期寄存器 PR 的数值；T_{CLK} 为计数器所使用的时钟周期。

下面对计数器所使用的时钟再做一些说明。一般来说，单片机中计数器所用的计数时钟都源自晶体振荡器，其振荡频率为 f_{OSC}，振荡周期为 T_{OSC}，但许多单片机并非直接将晶体振荡周期作为计数周期，而是使用机器周期 T_{CY}。所谓机器周期，通常是单片机的基本指令执行周期，由若干个晶体振荡周期构成。例如，不少单片机中，4个振荡周期构成一个机器周期，即 $T_{CY} = 4 T_{OSC}$，它决定了定时器所能使用的最小计数周期。晶体振荡频率 f_{OSC} 通常很高，如 20MHz，可以求得定时器的计数周期 $T_{CLK} = 0.2\mu s$。对于图 2.18 所示的 8 位定时器结构，所能控制的周期变化范围只有 $1 \sim 255\ T_{CLK}$，即 $0.2 \sim 51\mu s$，换算成 PWM 信号频率为 5MHz～19.6kHz，这对于某些应用可能太高了。为了能提供更大的灵活性，MCU 定时器硬件会额外提供预分频计数器来对输入计数时钟作分频，通常会有 1:1，1:4，1:16 分频，即先把输入的计数时钟预先计满预分频值 K_{PR}（1，4 或 16）个脉冲之后才会使计数器加 1，从而扩展了计数周期的程序可控范围。因此，实际的定时器计数周期为

$$T_{CLK} = 4 \times T_{OSC} \times K_{PR} \tag{2.11}$$

例如，选择 1:16 分频，则 PWM 周期的变化范围可以设成 $3.2 \sim 816\mu s$，换算成 PWM 信号频率为 312.5～1.225kHz。再有一点需要说明，用于 PWM 定时器实际计数时，内部设计了所谓的 4 相位，即把 1 个计数周期等分成了四个相位，每个相位占 $\frac{1}{4}$ 个计数周期。这可以简单地理解成在定时器低位端附加有一个 2 位计数器，它由计数时钟的 4 倍频率驱动，计满 4 后产生一个定时计数。这个对于实现 PWM 占空比分辨率的提升很重要，意味着 8 位定时器也可实现 10 位的占空比分辨率。

决定 PWM 占空比有两个寄存器：主占空比寄存器 CCPRL 与从占空比寄存器 CCPRH，它们是 8 位寄存器。如果要使用上述所谓 4 相位来提高 PWM 的分辨率，这两个主从占空比寄存器同样会扩展出两个最低位，用于匹配定时器中的对应位。这种做法在 8 位单片机中比较常见，使得在 8 位系统中可实现 10 位的占空比分辨率，最高分辨率可以达到 $\frac{1}{4}$ 个定时计数时钟周期，当用于 LED 亮度调节时，这意味着可实现优于千分之一（$\frac{1}{1024}$）的对比度。应用时，只要把所需的占空比数据写入主占空比寄存器 CCPRL 即可，每个周期开始时，其中的数据会自动锁定到从占空比寄存器 CCPRH，当计数器中的计数值（含 4 相位数值）与 CCPRH 中的数据相一致时，比较器 C_2 产生复位输出，使得 PWM 输出端复位，并一直保持到下一周期开始。上述

主从占空比寄存器的双缓冲结构设计使新写入主占空比寄存器 CCPRL 的数据一定是在下一个周期起作用，从而保证当前的 PWM 周期是完整的。

综上所述，单片机上产生 PWM 序列的一般流程如下：

① 写入 PR 寄存器，设置 PWM 周期。

② 写入 CCPRL（以及 2 个扩展的 4 相位，取决于具体的单片机型号），设置占空比。

③ 把 CCP 引脚定义成输出。

④ 写入定时器的预分频值，启动定时器（通常由定时控制寄存器内容所决定）。

⑤ 把 CCP 模块的工作模式配置成 PWM 模式。

具体的程序设计需要参考特定型号单片机数据手册的说明。

2.3 本章小结

本章讨论了采用电阻限流、恒流源以及脉冲宽度调制三种技术来驱动单个 LED 的方法。使用电阻限流驱动 LED 器件的方法最为简单，但会引入各种不确定性，实际的驱动电流与期望值可能存在某些差异，对于一些简单应用，这是可以接受的，但若需要提高驱动电流的控制精度或要提升驱动效率等，可以考虑采用其他方法。使用恒流源驱动 LED 器件是一种有效的驱动方式，可以保证发光强度稳定，且在一定范围内可以调节亮度，但亮度的调节是通过改变恒流源的电流输出实现的。受到光谱特性的影响，LED 器件的色彩将发生改变，在应用中会发生调节 LED 器件亮度造成 LED 显示色彩上的变化。脉冲宽度调制驱动 LED 器件是最常使用的一种驱动方式，它以 PWM 的方式输出恒流，在对 LED 的亮度进行调节时，驱动电流不变，保持色彩的恒定。本章对于恒流源驱动和 PWM 驱动分别给出了几种实用的驱动方案。

LED 电光源及驱动电路

LED 作为新一代半导体固态照明光源，具有抗震性、耐候性、密封性好以及热辐射低、体积小、便于携带等特点，可广泛应用于防爆、野外作业、矿山、军事行动等特殊工作场所或恶劣工作环境之中，已经逐渐在道路照明灯具、车辆照明灯具、液晶电视背光源中得到应用。随着技术的进一步发展，LED 必将取代普通灯泡成为通用照明和特殊照明的主流器件。

3.1 LED 照明源简介

3.1.1 LED 照明源的发展历程

1907 年，Henry Joseph Round 第一次在一块碳化硅里观察到电致发光现象，从而开始了对电致发光的研究。1936 年，George Destiau 出版了一个关于硫化锌粉末发射光的报告，第一次出现了"电致发光"这个术语。

20 世纪 50 年代，英国科学家在电致发光的实验中使用半导体砷化镓发明了第一个具有现代意义的 LED，并于 20 世纪 60 年代面世。

20 世纪 60 年代末，在砷化镓基体上使用磷化物发明了第一个可见的红光 LED，这是一个具有划时代意义的发明，但早期的 LED 还无法满足实际应用。20 世纪 60 年代末到 70 年代末，人们使用砷化镓、磷化镓等作为发光源，研制出能发出红光、灰白绿光、黄光和绿光的 LED。

20 世纪 80 年代中期，先后研制出使用砷化镓、磷化铅作为光源的第一代高亮度红光、黄光、绿光 LED。20 世纪 90 年代初期，又研制出具有历史意义的蓝光 LED。

20 世纪 90 年代中期，超亮度的氮化镓研制成功，随即又出现了能发出高强度绿光和蓝光的铟氮镓。在超亮度蓝色芯片上涂敷上荧光磷，荧光磷吸收来自芯片上的蓝光，转化为白光，事实上利用这种技术可以制造出任何颜色的可见光。

早期的 LED 主要用于指示灯、计算器显示屏和电子手表等产品中，而现在的

LED 已经应用于照明、背光、显示、汽车等各个领域。LED 会越来越多地照亮我们的家、办公室和街道。

3.1.2　LED 照明源的相关设计技术

LED 照明源一般都包含 LED 芯片、散热器、电源、灯罩这几个部分。

LED 芯片是 LED 照明源的核心部件，由衬底材料、发光材料、光转换材料和封装材料等组成。蓝宝石衬底、硅衬底、碳化硅衬底是制作 LED 芯片常用的三种衬底材料。不同的衬底材料需要不同的 LED 外延片生长技术、芯片加工技术和器件封装技术。

根据 1.3 节中介绍的 LED 热学特性可知，根据普朗克定律，黑体的单色辐射力在单位输入功率下产生的辐射光通量可高达 683 lm/W。即使现在 LED 光效达到 160 lm/W，也只有 23% 的电能被转换成光能，其余电能都将以发热的方式释放。因此，对 LED 照明源来说，散热技术显得至关重要。

由于 LED 光源亮度高，近似点光源，除景观照明可以直接使用外，其他照明应用均需要二次光学处理，即配光。配光的好坏直接影响 LED 的照明效果。

由于 LED 芯片是特性敏感的半导体器件，不像普通的白炽灯泡，可以直接连接 220V 的交流市电。为了保证 LED 芯片在使用过程中有稳定的工作状态，产生了驱动的概念。LED 照明电源是指连接在交流或直流电源与 LED 负载之间的"电子控制装置"，其核心是电子电路，用于为 LED 提供适当的恒定电流和工作电压。由于这种电路实际上就是 LED 的电源，因此将其称为"驱动电源"或"电光源"。随着 LED 芯片光效的不断提高，满足各种照明要求所需 LED 灯的功耗越来越小，比如室内照明 2～16W 即可满足各种照明环境要求，室外照明 10～200W 即可满足道路、广场、隧道、公园等绝大多数照明场所的照明要求。

综上所述，LED 芯片、散热器、灯罩属于 LED 照明源的结构设计范畴，与 LED 芯片的材料、热学特性及结构的光学特性有关；电源则属于 LED 照明源的驱动设计范畴。本章重点围绕驱动电源部分展开。

3.2　LED 电光源的组成

LED 电光源的组成如图 3.1 所示。LED 照明源通常由多个 LED 灯珠组合而成。LED 是低电压器件，在设计中为了满足对照明区域、照明光束的要求，一般采用低电压恒流源供电。如果 LED 照明采用交流供电，就需要对交流电压（AC）经过整流滤波电路后的直流电压（DC）进行非隔离或隔离的电压转换，被称为 DC/DC 转换，经过 DC/DC 转换之后的直流电压再通过 LED 驱动器，提供足够的电压和电流点亮 LED。

LED 电光源的作用就是无论输入条件和输出正向电压如何变化，在工作条件范围内保持电流值恒定，从而满足 LED 照明的需求。

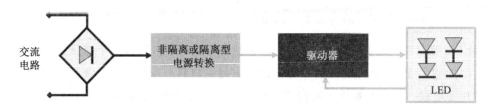

图 3.1　LED 电光源的组成

3.2.1　LED 电光源的拓扑结构

LED 电光源的拓扑结构选择取决于是直流供电还是交流供电、输出功率的大小以及输入电压和输出电压之间的关系等因素。像汽车内部的 LED 照明灯、太阳能 LED 草坪灯等，均由直流供电。直流供电的 LED 驱动电路根据 LED 串的数量选择升压、降压或者升降压变换器电路拓扑结构。如果 LED 照明电源为交流供电，在对交流输入电压整流滤波后可采用的拓扑结构主要有以下几种。

1. 降压型（Buck）拓扑

降压型变换器分线性和开关两种。因线性降压变换器自身功率损耗太大，致使工作效率过低，故目前一般不被采用。由于开关型降压变换器的能效高，故被广泛地应用于各个领域。

图 3.2 所示为典型的 Buck 拓扑。变换器由开关管 Q、储能电感 L、续流二极管 D 和输出电容 C 组成，在连续模式下，Buck 电路的输出电压 $U_o = DU_i$（D 为变换器的占空比，$0 < D < 1$），所以输出电压总是低于输入电压，因此该电路被称为降压电路。

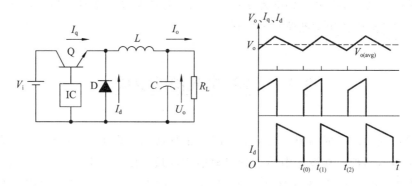

图 3.2　典型的 Buck 拓扑

Buck 电路的主要特点是结构简单，所需元器件少，由于在连续模式下负载电流即为电感电流峰值的一半，因此恒流控制比较容易实现。其缺点是在大输出电流或者低输出电压的应用场合下系统效率比较低，而且输入、输出之间无隔离措施。

2. 升降压型（Buck-Boost）拓扑

图 3.3 所示为典型的 Buck-Boost 拓扑，在连续模式下，Buck-Boost 电路的输出电压为 $U_o = \dfrac{D}{1-D} U_i$。通过控制占空比 D 的大小，可以通过调节输出电压，实现升压或者降压的功能。这种电路能够实现较宽的升降压比例，适用于输入电压范围波动比较大的场合。

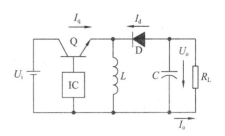

图 3.3 典型的 Buck-Boost 拓扑

3. 反激式（Flyback）拓扑

图 3.4 所示为典型的 Flyback 拓扑，其本质上就是一个升降压电路，区别在于将升降压电路中的储能电感替换成了隔离变压器，这样就实现了输入和输出之间的电气隔离，提高了电路的安全性能。与 Buck-Boost 电路相比，Flyback 拓扑可任意改变匝比 N，使其在应用时更加灵活。

Flyback 拓扑弥补了降压电路的不足，可以在低电压、小电流的场合下应用，而且输入与输出之间加入了变压器，实现了电气隔离。

4. LLC 半桥谐振式拓扑

对于 LED 路灯这类照明应用，功率往往达到 100W 以上，建议选择 LLC 半桥电感—电感—电容谐振架构，如图 3.5 所示。

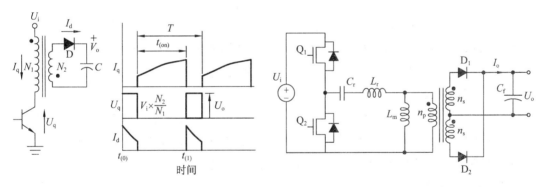

图 3.4 典型的 Flyback 拓扑　　　　　图 3.5 LLC 半桥谐振式拓扑

半桥 LLC 电路能够实现软开关，有效地降低开关管的损耗，以提高电源效率。在大功率场合，采用 LLC 谐振式拓扑结构，可以实现 90% 以上的高效率。但是这种结构需要的元器件相对较多，而且需要增加一个前级功率因数调整（PFC）电路，因此成本较高。

由于 LED 电源可直接与 LED 灯珠一起封装成球泡灯，这些照明产品可能会和消费者直接接触，考虑到安全因素，Buck 和 Buck-Boost 电路的输入与输出无电气隔离，因此不考虑选用这两种拓扑，而半桥 LLC 电路设计较为烦琐，成本较高，多用在大功率场合，故 Flyback 拓扑是低功率应用的最佳选择。

3.2.2　LED 排列及与 LED 驱动器的匹配

根据图 3.1，我们了解了 LED 照明电源
的组成，为了能够使电光源保持稳定的照明
区域及照明强度，需要给 LED 提供恒定的
电流，这个任务由 LED 驱动器完成。根据
LED 的驱动原理可知，如果多个 LED 灯珠
被排列成单串的方式，就可以提供最佳的电
流匹配，而与 LED 正向电压变化和输出电

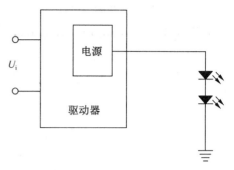

图 3.6　单串 LED 驱动示意图

压 "漂移" 无关，单串 LED 驱动示意图如图 3.6 所示。

通常我们在设计 LED 电光源时，需要考虑选用什么样的 LED 驱动器以及 LED
作为负载采用的串并联方式。只有合理的设计，才能保证 LED 正常工作。LED 作为
驱动电路的负载，经常需要几十个甚至上百个 LED 组合在一起构成发光组件。LED
负载中的 LED 排列方式，直接关系到其可靠性和使用寿命。设计中选择 LED 驱动电
路时，一般考虑成本和性能因素。系统设计的一个约束条件是可用的电池功率和电
压，其他约束条件还包括功能特性，如针对环境光线做出调整。

LED 可根据不同参数进行筛分，包括正向电压及在特定正向电流时的色度和亮
度。以一个白光 LED 在背光照明设备上应用为例，白光 LED 的正向电压范围通常为
3.5～4V，典型工作电流为 15～20mA，如果背光照明设备上的多个 LED 串联，任何
一个或几个 LED 由于特定电流下的色度或亮度不一致，就会使整个设备的发光不均
匀，所以，这些 LED 通常都会进行匹配，具有相同的工作参数，以产生均匀的亮度。
由此，我们也可以得到 "匹配" 的概念，经过匹配的这组 LED，在某个特定电压范
围内其正向电压、特定正向电流及其他参数都是匹配的。

匹配的差异取决于 LED 器件的发光强度和色度，色度决定了 LED 器件显示的颜
色，大多与制造 LED 器件所使用的半导体工艺有关，受电气工作条件影响很小；
LED 器件的发光强度则会受给定正向工作电流的影响，本节中提到
的匹配是指 LED 发光强度的一致性。

将多个 LED 连接在一起使用时，正向电压和电流均必须匹配，
整个组件才能产生一致的亮度。实现恒定电流最简单的方法是将经
过正向电压筛选的 LED 串联起来。随着匹配 LED 数量的增加，采
用高性能多功能 LED 驱动器芯片是良好的解决方案。

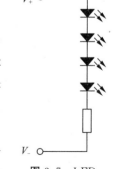

**图 3.7　LED
排列采用串联方式**

1. LED 排列采用串联方式

LED 排列采用串联方式的连接图如图 3.7 所示，即将多个
LED 的正极对负极连接成串，其优点是通过每个 LED 的工作电流
一样。一般电路中会串联限流电阻，要求 LED 驱动器输出较高的

电压。当 LED 的一致性差别较大时，虽然分配在不同的 LED 两端的电压不同，但是通过每个 LED 的电流相同，所以每个 LED 的亮度是一致的。

　　串联方式能确保各个 LED 电流的一致性，但也存在着问题。以图 3.7 所示的电路为例，假设 4 个 LED 串联后总正向电压 U_F 为 12V，如果采用 5V DC 电源供电，就必须使用具有升压功能的驱动 LED，以便为每个 LED 提供充足的电压。但由于 LED 的 U_F 值存在一个变化范围，LED 之间的压差会随之变化，对亮度的均匀性有一定的影响。

　　当某一个 LED 品质不良导致短路时，如果采用稳压式驱动（如常用的阻容降压方式），由于驱动器输出电压不变，那么分配在剩余的 LED 两端的电压将升高，驱动器输出电流将增大，容易损坏余下的 LED；如果采用恒流式驱动 LED，当某一个 LED 品质不良导致短路时，由于驱动器输出电流保持不变，不影响余下 LED 的正常工作。

　　这里用一个例子来说明稳压驱动时在 LED 排列为串联方式下有一个 LED 短路的情况。假定有 8 个 GaAs 材料 LED，限流电阻 R 为 200Ω，以设计正向电流 I_F 为 20mA 为目标值，单个 LED 正向电压 U_F 为 2.0V，则 $U_D = 8 \times U_F = 16.0V$，$U_R = I_F \times R = 20 \times 200\text{mV} = 4.0V$，$V_{CC} = U_D + U_R = 20.0V$。当单管 U_F 离散性较大时，假设 U_D 为 15.6～16.4V，则对应 U_R 为 4.4～3.6V，很容易计算得 I_F 为 18～22mA，可以看出单个 LED 发光强度变化量在 10% 以内，基本上保持发光组件亮度均匀。当出现一个 LED 短路时，$U_D = 14V$，则 $U_R = 6V$，$I_F = \dfrac{U_R}{R} = 30\text{mA}$。实际上由于单管短路造成 I_F 上升，单管 U_F 随 I_F 的增加而增加，U_D 应高于 14V，则 U_R 小于 6V，电流应小于 30mA，具体电流值与所采用的 LED 单管有关，实验中测量电流为 28mA 左右。从这个例子可知，当 LED 负载中有一个 LED 发生短路，电路的电流增大，照明强度增加。如果电流在允许范围内，LED 仍然可以正常工作；如果电流超出了 LED 的允许工作范围，则会损坏余下的 LED。

　　当某一个 LED 品质不良断开后，串联在一起的 LED 将全部不亮。解决的办法是在每个 LED 两端并联一个稳压二极管，如图 3.8 所示。当然稳压二极管的导通电压要比 LED 的导通电压高，否则 LED 就不亮了。

　　飞兆（FairChild）半导体提供了一款可以驱动未匹配的 LED 的驱动芯片 FAN5608，其升压电路具有智能检测功能，可将电压提升至恰好足够的水平，保证输出电流恒定，以驱动 LED 串联组件。该芯片的串联驱动方案最高可以驱动两个独立的 LED 组件，各组件有 4 个串联 LED，每个支路电流最高为 20mA，并具有独立的亮度控制功能。每个串联支路具有独立的亮度控制，而且升压电路具有内置肖特基二极管，无须外部二极管。内置升压电

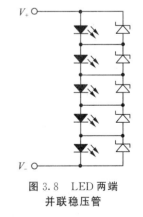

图 3.8　LED 两端并联稳压管

路的效率不低于 90%，有助于延长电池使用寿命，且具有软件启动功能、低电磁干扰和极少纹波等特点。FAN5608 驱动芯片带有内置 DAC，具有模拟检测功能，可选择使用模拟、数字或 PWM 方式控制亮度。该驱动芯片集成了温度控制功能，可将 LED 使用寿命提高 50%。

2．LED 排列采用并联方式

在并联设计中，多个 LED 由具备独立电流的驱动电路来驱动。并联设计基于低驱动电压，因此无须带电感的升压电路。此外，并联设计具有低电磁干扰、低噪声和高效率的特点，且容错性较强。在串联设计中，一个

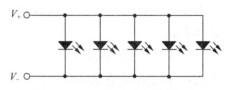

图 3.9　LED 排列采用并联方式

LED 发生故障就会导致整个照明子系统失效，而并联设计可避免这种严重缺陷。LED 排列采用并联方式的连接图如图 3.9 所示，即将多个 LED 的正极与正极、负极与负极并联连接，其特点是每个 LED 的工作电压一样，总电流为 $\sum I_{Fn}$，为了实现每个 LED 的工作电流 I_F 一致，要求每个 LED 的正向电压也要一致。但是器件之间特性参数存在一定差别，且 LED 的正向电压 U_F 随温度上升而下降，不同 LED 可能因为散热条件差别，而引发工作电流的差别，散热条件较差的 LED，温升较大，正向电压下降也较大，造成工作电流上升，而工作电流上升又加剧温升，如此循环可能导致 LED 烧毁。LED 排列采用并联方式要求 LED 驱动器输出较大的电流，负载电压较低。分配在所有 LED 两端电压相同，当 LED 的一致性差别较大时，通过每个 LED 的电流不一致，LED 的亮度也不同。可挑选一致性较好的 LED 器件。LED 排列采用并联方式，适合对电源电压较低的产品供电（如太阳能或电池）的电光源。

当某一个 LED 品质不良导致电路断路时，如果采用稳压式 LED 驱动器（如稳压式开关电源），驱动器输出电流将减小，而不影响余下 LED 的正常工作。如果采用恒流式 LED 驱动器，由于驱动器输出电流保持不变，分配在余下 LED 的电流将增大，容易损坏所有 LED。解决办法是尽量多并联 LED，当断开某一个 LED 时，分配在余下的 LED 上的电流不大，不至于影响余下 LED 的正常工作。所以功率型 LED 作并联负载时，不宜选用恒流式 LED 驱动器。

当某一个 LED 品质不良导致短路时，使未失效的 LED 失去工作电流 I_F，导致所有 LED 熄灭，总电流 $\sum I_{Fn}$ 全部从短路器件通过，因短路电流较大，若时间较长，又使器件内部键合金属丝或其他部分烧毁，出现开路，这时未失效的 LED 重新获得电流，恢复正常发光，只是工作电流 I_F 较原来大一点。这就是这种连接形式的 LED 排列出现先是一组 LED 一起熄灭，一段时间后，除其中一个 LED 不亮，其他 LED 又恢复正常的原因。由于 LED 的 U_F 不稳定性，使多个 LED 并联使用时，工作电流精度范围受到限制。因此，采用 LED 并联形式，应考虑器件和环境差别等因素对电路的影响，设计时应留有一定的余量，以保证其可靠性。

除了图 3.9 所示的 LED 排列为并联方式外，还有一种并联方式，如图 3.10 所示。对于负载中的每一路 LED 都与 LED 驱动器单独匹配。

目前市场上有两种用于并联配置的 LED 驱动芯片，一种是用于负载中的所有 LED 的正向电压 U_F 已经匹配的情况下的驱动芯片，一种是用于负载中的 LED 的正向电压 U_F 未匹配的情况下的驱动芯片。

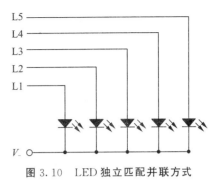

图 3.10　LED 独立匹配并联方式

① 驱动匹配的 LED。

使用具有内部匹配电流源的 LED 驱动芯片来驱动并联的匹配 LED，驱动芯片在现有的 3.3～5.5V 总电压下运行，LED 的电流通过单一的外部电阻器来调节。由于不需要 DC/DC 变换进行升压，故无须采用外部电感，因此，电路的电磁干扰和纹波可达到最小。如果电源电压经过稳压处理，则无须为每个 LED 配备额外的外部电阻器。

② 驱动未匹配的 LED。

为了驱动未匹配的 LED，需要使用可为每个 LED 提供独立电流控制的 LED 驱动芯片来获得均匀亮度。因 LED 的正向电压 U_F 有一定的范围，驱动芯片将均匀地匹配各电流以获得均匀亮度，并可在现有的 3.3～5V 总电压下运行。电路中的驱动芯片会测量所有 LED 的正向电压 U_F，选出 U_F 最高的 LED，并将 LED 驱动器的输出电压 U_{OUT} 提升至驱动 U_F 值最大的这个 LED 所需的最低电压。

3．LED 排列采用混联方式

在需要使用多个 LED 的产品中，如果将所有 LED 串联，则需要 LED 驱动器输出较高的电压。如果将所有 LED 并联，则需要 LED 驱动器输出较大的电流。将所有 LED 串联或并联，不但限制着 LED 的使用量，而且并联 LED 负载电流较大，驱动器的成本也会增加。解决办法是采用混联方式。如图 3.11 所示，串并联的 LED 数量平均分配，分配在一串 LED 上的电压相同，通过同一串每个 LED 上的电流也基本相近。

当某一串 LED 上有一个品质不良导致短路时，不管采用稳压式驱动还是采用恒流式驱动，这串 LED 相当于少了一个 LED，通过这串 LED 的电流将大增，很容易会损坏这串 LED。大电流通过损坏的这串 LED 后，由于通过的电流较大，LED 导通时两端的电压恒定，造成 LED 过热损坏，大多数情况下表现为断路。断开一串 LED 后，如果采用稳压式驱动，驱动器输出电流将减小，而不影响余下 LED 正常工作。如果采用恒流式驱动，由于驱动器输出电流保持不变，分配给余下 LED 的电流将增大，容易损坏所有 LED。解决办法是尽量多并联 LED，当断开某一串 LED 时，分配给余下 LED 串的电流不大，不至于影响余下 LED 串的正常工作。

LED 排列按照先串联后并联的混联方式，如图 3.11（a）所示。这种电路的优点是线路简单、亮度稳定、可靠性高，并且对器件的一致性要求较低，即使个别 LED

单管失效，也对整个发光组件影响较小。

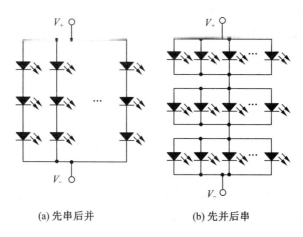

(a) 先串后并   (b) 先并后串

图 3.11　LED 排列采用混联方式

如果采用恒流式驱动，由于驱动器输出电流保持不变，各个并联支路的电流保持不变，流过各个 LED 的正向电流 I_F 也不会发生变化，除了短路 LED 外，其余的 LED 正常工作。所以，整个 LED 灯仅有一个 LED 不亮，亮度不会发生变化。

如果采用稳压式驱动，LED 品质不良导致短路的瞬间，短路 LED 所在的支路总电压不变，加在该支路限流电阻上的电压增大，从而导致该支路其他 LED 的正向电流 I_F 增大，如果正向电流不超过 LED 的额定电流，除了短路 LED 外，其余的 LED 依然可以正常工作，但亮度会增加。其他支路的 LED 正常工作。

无论单个 LED 是开路还是短路，均不影响其他 LED 串发光，不至于使整个发光组件失效，这种连接形式的发光组件可靠性较高，并且对 LED 的要求也较宽松，适用范围大，不需要特别挑选，整个发光组件的亮度也相对均匀。在工作环境因素变化较大的情况下，使用这种连接形式的发光组件效果较为理想。

LED 排列按照先并联后串联的混联方式，如图 3.11（b）所示，即将 LED 平均分配后，分组并联，再将每组串联在一起。下面我们对当有一个 LED 品质不良短路时，采用恒流式驱动电路或稳压式驱动电路进行分析。

如果采用恒流式驱动，由于驱动器输出电流保持不变，除了短路 LED 所在的这一并联支路外，其余的 LED 正常工作。假设短路 LED 所在的并联支路的 LED 数量较多，驱动器的驱动电流较大，通过这个短路的 LED 电流将增大，大电流通过这个短路的 LED 后，很容易导致断路。由于并联的 LED 较多，断开一个 LED 并联支路，平均分配电流不大，依然可以正常工作，那么整个 LED 灯中仅有一个 LED 不亮。

如果采用稳压式驱动，LED 品质不良导致短路的瞬间，负载相当于少了一个 LED 并联支路，加在其余 LED 上的电压升高，驱动器输出电流将大增，极有可能立刻损坏所有 LED，只有将这个短路的 LED 烧成断路，驱动器输出电流才能恢复正常。如果并联的 LED 较多，断开一个 LED 并联支路，平均分配电流不大，依然可以正常工作，那么整个 LED 灯中也仅有一个 LED 不亮。

4. 交叉阵列形式

　　为了提高电路的可靠性，降低 LED 熄灭的概率，出现了各种各样的连接设计，交叉阵列形式就是其中的一种。LED 交叉阵列形式电路如图 3.12 所示，每串以 3 个 LED 为一组，其电流输入来源于 a、b、c、d、e 串，输出也同样分别连接至 a、b、c、d、e 串，构成交叉连接阵列。这种交叉连接方式的目的是，即使个别 LED 开路或短路，也不会造成发光组件整体失效。

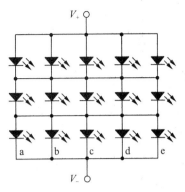

图 3.12　LED 交叉阵列结构

5. 结论

　　常见 LED 排列的串并联方式的优缺点如表 3.1 所示。

表 3.1　LED 连接方式比较

连接形式		优　点	缺　点
串联	简单串联	电路简单，LED 电流相同，亮度一致	可靠性不高，驱动器输出电压高
	带旁路串联	电路简单，可靠性高，LED 电流相同，亮度一致	元器件数量增加，体积大，成本高
并联	简单并联	电路简单，驱动电压低	均流问题
	独立匹配并联	可靠性好，单个 LED 保护完善	电路复杂，体积大，成本高，不适用于 LED 多的场合
混联	先并后串	可靠性较高，总体效果较高，适用范围较广	电路复杂，并联的单个 LED 或 LED 串需解决均流问题
	先串后并		

　　通过以上分析可知，LED 驱动器与 LED 排列的串并联方式匹配选择是非常重要的。恒流式 LED 驱动器不适合采用 LED 排列仅为并联方式的电路，稳压式 LED 驱动器不适合采用 LED 排列仅为串联方式的电路，而两种 LED 驱动器对 LED 排列的混联方式电路均适用。

3.3　LED 电光源的驱动技术

　　前面我们说过，LED 驱动器的主要功能，就是无论输入条件和输出正向电压如何变化，在工作条件范围下电流保持恒定。所以保持恒流是 LED 驱动器的目标，不管这个 LED 驱动器是稳压型还是恒流型。本节首先给出 LED 驱动器输出恒定电流的几种方案，再针对电光源中使用最多的白光 LED 驱动器进行详细介绍。

3.3.1 LED驱动器镇流方案

输出恒流又被称为"镇流"，本节给出LED驱动器输出恒定电流的四种方案，分别是镇流电阻、镇流电容、线性恒流驱动电路、开关恒流驱动电路。

1. 镇流电阻

镇流电阻原理图如图3.13所示。这是一种极其简单，自LED面世以来至今还一直在使用的经典电路。LED工作电流I按下式计算：

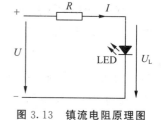

图3.13　镇流电阻原理图

$$I = \frac{U - U_L}{R} \qquad (3.1)$$

I与镇流电阻R成反比，当电源电压U上升时，R能限制I的过量增长，使I不超出LED的允许范围。此电路的优点是简单、成本低；缺点是电流稳定度不高，电阻发热消耗功率，导致用电效率低，仅适用于小功率LED范围。

在实际应用中，单只小功率LED仅能做信号灯。要想做成LED灯具，有时要用到几十甚至数百只超高亮度小功率LED，才能达到使用要求。

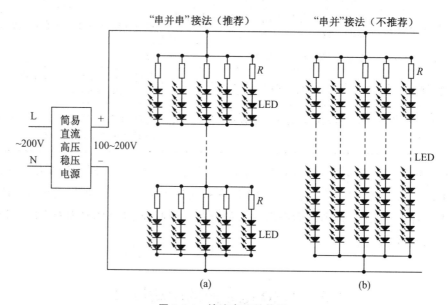

图3.14　镇流电阻结构图

为便于供电（高电压、小电流），最好直接由市电～220V供电，通常将许多LED串联后，再串一只镇流电阻组成一条支路，最后将若干条支路并联起来构成整个灯具电路，如图3.14（b）所示，这种接法简称为"串并"接法。此接法有一个明显的缺点是：支路中的任一只LED断路时，该支路所有LED都不亮，故障影响面较大。

一种经改进的"串并串"接法可解决这个问题，如图3.14（a）所示。所谓"串并串"是先用少量 LED 串联再串联镇流电阻组成一条支路,再将若干条支路并联组成"支路组",最后将若干"支路组"再串联构成整个灯具电路。此种接法不仅缩小了断一只 LED 的故障影响面,而且将镇流电阻化整为零,将几只大功率电阻变成几十只小功率电阻,由集中安装变成分散安装,这样既利于电阻散热,又可以将灯具设计得更紧凑。根据经验,支路串联 LED 数不宜多,一般取 3～6 只;支路并联数不宜少,至少应大于 5 条。这样当 1 条支路断路时,其余 4 条支路电流都将增加 25%,因此,在选定 LED 正常工作电流时要留出过载余量。

2. 镇流电容

镇流电容结构图如图 3.15 所示。在交流电路中,电容存在容抗 X_c,通交流,阻直流,起到了稳定输出直流电压 U_o 的作用。

另外,电容消耗无功功率,不发热,而电阻则消耗有功功率,会转化为热能耗散掉,所以镇流电容比镇流电阻能节省一部分电能,并可将 LED 灯直接接到市电～220V 上,使用更为方便。

此方案的优点是简单,成本低,供电方便;缺点是电流稳定度不高,效率也不高。此方案仅适用于小功率 LED 范围。

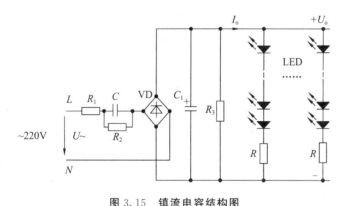

图 3.15　镇流电容结构图

在图 3.15 中,直流输出电流为

$$I_o = NI \times 0.8 \tag{3.2}$$

式中,N 为支路数,I 为支路电流,0.8 为安全系数。

镇流电容容抗为

$$X_C = \frac{U_\sim - U_o}{I_o} \text{(近似估算)} \tag{3.3}$$

电容为

$$C = \frac{10^6}{2\pi f X_C} \mu\text{F} \text{(近似估算)} \tag{3.4}$$

因电路输入侧是交流,输出侧经整流滤波成直流,很难计算出 C 值。由式(3.4)计算出的 C 值精度很低,只能作为参考值,其准确值只有通过实验来确定。

电容 C_1 起滤波作用，这点非常重要。如果取消它，用示波器从 R 两端观察到 LED 将会承受很高的尖峰电流，威胁 LED 的使用安全。有了它可降低电流的峰值，提高平均值。C_1 的值也是通过实验来确定的，使峰值与平均值之比，即峰值系数 K_M 控制在 1.2～1.3 比较合适，即

$$K_M = \frac{I_M}{I_{CP}} \qquad (3.5)$$

电阻 R_1 是为限制合闸冲击电流而设置的，其值不宜大。电阻 R_2、R_3 是电容 C、C_1 的放电电阻，保证断电后，电容 C、C_1 存储的电荷能迅速泄放掉，避免因触及而遭受电击。

3. 线性恒流驱动电路

上面已经提到，电阻、电容镇流电路可以看成是直流恒压电源，其原理是：通过负载的电压恒定使得流过 LED 的电流恒定。但这两种镇流方案的缺点是电流稳定度低（电流稳定度是在一定时间内，多次测量通过负载的电流大小，利用公式 $\frac{均值-标定值}{均值}$ 计算得出），用电效率也低（约 50%～70%），仅适用于小功率 LED 灯。

为了满足中、大功率 LED 灯的供电需要，利用电子技术中常见的电流负反馈原理，设计出许多恒流驱动电路。像直流恒压电源一样，按其调整管是工作在线性状态，还是工作在开关状态，恒流驱动电路也分成两类：线性恒流驱动电路和开关恒流驱动电路。

图 3.16 是最简单的两端线性恒流驱动电路。它借用三端集成稳压器 LM337 组成恒流电路，稳压器 LM337 的 1 脚和 2 脚之间的基准电压为 1.25V。外围仅用两个元件：电流取样电阻 R 和抗干扰消振电容 C。

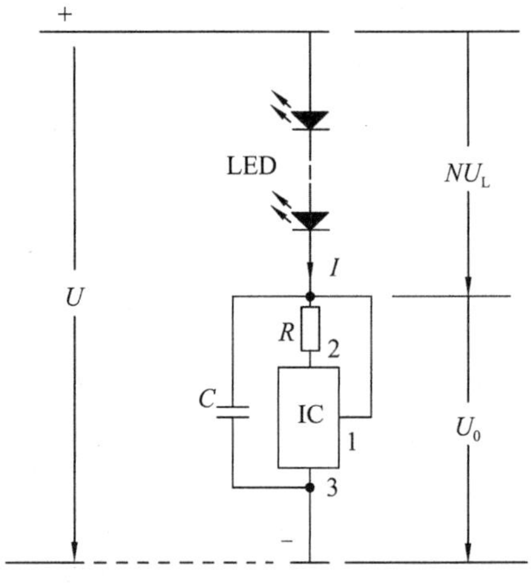

恒流值 I 由 R 值来确定：

$$I = \frac{1.25}{R}A \qquad (3.6)$$

反过来，根据所要求的恒流值 I，可计算电流取样电阻：

$$R = \frac{1.25}{I}\Omega \qquad (3.7)$$

图 3.16 线性恒流驱动电路

LM337 最大输出电流可达 1.5A ，工作压差≤40V，稳流精度高，可达 ±1%～2%，内部设有过流、过热保护，使用安全可靠。LM337 工作在线性状态，其功率损耗 $P = U_0 I$，在恒流值 I 已定的情况下，只有降低工作压差 U_0 才能降低功耗。合适的工作压差为 4～8V，低于 3V 将不恒流了。

线性恒流驱动电路一般与直流开关稳压电源配合使用。电源稳压值按下式计算：

$$U = NU_L + U_0 \qquad (3.8)$$

式中，N 为 LED 串联个数；U_L 为单只 LED 正向工作电压；U_0 为恒流驱动电路额定

工作压差，一般取 6V 计算。

用电效率为

$$\eta = \frac{NU_\mathrm{L}}{U} = \frac{NU_\mathrm{L}}{NU_\mathrm{L} + U_0} \tag{3.9}$$

分析式（3.9）可知，降低 U_0 及增加 N，可提高效率。

如果直流电源采用负极接地（接机壳），集成块 LM337 可直接安装在机壳上，散热效果更好。

4. 开关恒流驱动电路

上述线性恒流驱动电路虽具有电路简单、元件少、成本低、恒流精度高、工作可靠等优点，但使用中也发现几点不足：

- 调整管工作在线性状态，工作时功耗高、发热大（特别是工作压差过大时），不仅需要较大尺寸的散热器，而且降低了用电效率。

- 电源电压要求按式（3.8）与 LED 工作电压严格匹配，不允许大范围改变。也就是说，它对电源电压及 LED 负载变化的适应性差。

- 它仅能工作在降压状态，不能工作在升压状态，即电源电压必须高于 LED 工作电压。

- 供电不太方便，一般要配开关稳压电源，不能直接用～220V 供电。

采用开关恒流驱动电路能较好地解决上述问题。下面介绍几种开关恒流驱动电路实例。

（1）直流低压开关恒流驱动电路。

下面介绍一种由 IC 构成的开关恒流驱动电路，这是一个它激开关恒流电路，其中使用了德州仪器公司生产的集成电路 MC34063A。其内部结构框图如图 3.17 所示。

其中包含有占空比控制单元电路：1.25V 基准电压、误差比较器、振荡器、RS 触发器等，还包含有驱动管 Q_2 和输出开关管 Q_1。在它的外围接上高频变压器 T 及少量电子元件，就构成将 6V 电源升压至 12V 0.3A 的开关恒流电路，如图 3.18 所示。图 3.18 中 R_SC 为限流电阻，

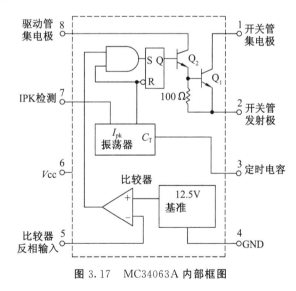

图 3.17　MC34063A 内部框图

它检测开关管 Q_1 流过的电流，使 Q_1 的电流不超过 1.5A。R_1 为驱动管 Q_2 的集电极电阻。C_T 是振荡器定时电容，选用 470pF 时，开关频率约 70kHz。VD_1、R_2、C_2 构成过压吸收电路，在 Q_1 关断瞬间，将在 Q_1 集电极上所产生的反冲电压尖峰（下＋、上－）吸收掉，防止 Q_1 被击穿。同时串接在次级绕组上的 VD_2、C_3 完成整流滤波

作用，并给 LED 供电。R_5 是电流取样电阻，当 LED 工作电流在其上产生的压降等于 1.25V 时，占空比受控，输出电流就进入恒流状态。

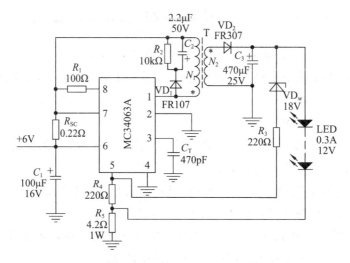

图 3.18　基于 MC34063A 的开关恒流驱动电路

恒流值计算公式如下：

$$I = \frac{1.25}{R_5} \tag{3.10}$$

MC34063A 的输入电压范围为 3～40V，既可构成升压电路，也可构成降压电路，如有必要，还可外接开关管扩大输出电流和功率。

（2）交流 220V 开关恒流驱动电路。

上面介绍的直流低压开关恒流电路适用于干电池、蓄电池、开关稳压电源供电的场合。如果能直接用市电～220V 给 LED 灯供电，那是最方便不过了。交流 220V 开关恒流驱动电路实际由交流 220V 开关恒压源电路和线性或开关恒流源电路复合而成。前面对于直流低压输入的恒流源电路设计，已经给出了实例，这里仅对交流 220V 开关恒压源电路设计进行介绍。

交流 220V 开关恒压源电路的设计需解决降压、整流、变换效率、较小的体积、较低的成本以及安全隔离等一系列问题。单片集成开关电路 TOPSwitch 系列产品几乎全面满足了上述要求，应属首选方案。

TOP224Y 是三端器件（图 3.19）。从外表看，它像一只普通的功率三极管，但内部电路非常复杂，它把开关电源所必需的 PWM 控制器，100kHZ 高频振荡器，高压启动偏置电路，误差放大器，过流、过热保护，功率开关管 MOSFET 都集成在一起了。外围元件减至最少，这样大大地简化了开关电源的设计和制作。

它的三个端子分别叫控制极 C、源极 S、漏极 D。三个极都是一极多用。

• 控制极 C 的作用：

◇利用反馈控制电流 I_C 的大小来调节输出开关管的占空比 D。从图 3.20 可以看出 I_C 增大，D 减小；反之，I_C 减小，D 增大。

◇与内部并联调整器/误差放大器相连，能为芯片提供正常工作所需的偏流。

◇作为电源旁路、自动重启动和补偿电容的连接点。

• 漏极 D 的作用：

◇与片内功率开关管的漏极相连。

◇在启动期间，高压电流源经过内部开关给内部电路提供偏置电流。

◇它还是内部功率开关管工作电流的检测点。

• 源极 S 的作用：

◇与片内功率开关管的源极相连，作为高压电源返回端。

◇作为一次侧控制电路的公共地和基准点。

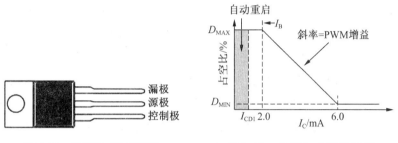

图 3.19　TOP224Y 引脚图　　　　　图 3.20　占空比-电流关系图

由 TOP224Y 构成的 15V，2A 输出的直流开关电源电路如图 3.21 所示。采用三块集成电路：IC_1 是单片稳压器 TOP224Y，IC_2 是光耦合器 NEC2501，IC_3 是精密基准电压源 TL431。TL431（IC_3）与光耦合器 NEC2501（IC_2）构成电气隔离式外部误差放大器，再与 TOP224Y 内部误差放大器配合使用，对 TOP224Y（IC_1）的控制端电流进行精细调整，从而大大提高了稳压性。

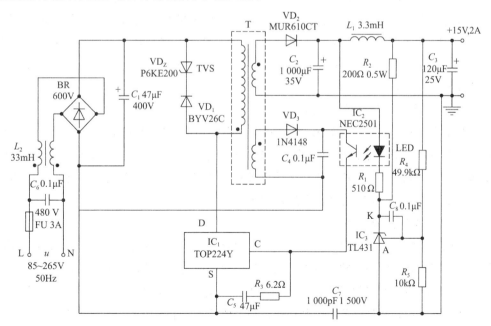

图 3.21　由 TOP224Y 构成的应用电路

15V 稳压输出经 R_4，R_5 分压后得到取样电压，与 TL431 内部 2.5V 基准电压进行比较，通过改变 K 端电位来控制 IC_2 中发光二极管的电流，进而调节控制端电流 I_{co}，R_1 是发光二极管的限流电阻，并能设定控制环路的直流增益。R_4 与 C_8 还决定了外部误差放大器的频率特性。

3.3.2 白光 LED 驱动器

1. 白光 LED 的光电热特性和驱动要求

(1) 白光 LED 的光电热特性。

白光 LED 的特殊结构决定了其特殊的光电热特性。首先，白光 LED 为直流驱动，施加正向电压时导通。其发光强度正比于正向工作电流。但白光 LED 的正向电压 U_F 非常高（目前多为 3.6～4.5V），且本身具有一定的波动范围，电源电压变动会影响白光 LED 的亮度。其次，白光 LED 在工作时，其 PN 结会产生一定的热量，使 PN 结的工作温度升高，出现光衰。当周围环境温度一旦超过 50℃，白光 LED 的允许正向电流会大幅降低，在此情况下如果施加大电流，很容易造成白光 LED 老化。为了减缓白光 LED 的老化速度，必须根据周围温度调整电流的供给，同时，驱动电路要有良好的散热措施；否则，白光 LED 将无法正常使用。

(2) 白光 LED 驱动器的要求。

为了达到一定的光照度，实际应用中，需要把多颗白光 LED 组合起来使用。在大多数应用中，白光 LED 通过并联或串联方式连接在一起，但在个别情况下也可采用混合的串、并联配置方式。为了使白光 LED 能稳定地工作，且不受电压 U_F 波动以及电源电压波动的影响，必须使用专门为驱动白光 LED 而设计的 DC/DC 变换器。

白光 LED 驱动器可以看作是向白光 LED，供电的特殊电源，可以驱动正向压降为 3.0～4.3V 的白光 LED，并根据需要驱动串联、并联或串并联的多个白光 LED，满足驱动电流的要求。不同的用途对驱动器的要求有所不同，一般白光 LED 驱动器应具备如下特点：

① 驱动器应有升、降压功能。

对于市电供电的白光 LED，驱动器应有降压功能，以保证白光 LED 得到合适的稳定工作电压；对于电池供电的白光 LED（如便携式产品），驱动器应有升压功能，以满足 1～3 节充电电池或 1 节锂离子电池供电的要求，并要求在电池终止放电电压之前，都能为白光 LED 提供合适的稳定工作电压。

② 高功率转换效率和低功耗。

无论是车载、便携还是手持电子设备的设计，电源效率都是一个不可忽视的重要问题。驱动器应有高的功率转换效率，以提高电池的使用寿命或两次充电的时间间隔。目前驱动器的转换效率有的可高达 80%～90%，一般可达到 60%～80%。且驱动器功耗低，静态电流小，并且有关闭控制功能，在关闭状态时静态电流一般应小于 $1\mu A$。

③ 电流匹配和亮度调节。

白光 LED 的发光强度取决于其正向工作电流，在多个白光 LED 并联使用时，要保证其电流的一致性，这就要求驱动器具有电流匹配功能，这样才能使白光 LED 亮度均匀。不同的环境对光源亮度的要求有所不同，驱动器应具有亮度调节功能。白光 LED 的最大电流 I_{LED} 可设定，使用过程中可调节白光 LED 的亮度。一般白光 LED 点亮时至少需要 15mA 的电流 I_F，不过周围环境很暗时，往往不需作全开驱动，此时可控制驱动电流而改变白光 LED 的亮度，进而降低白光 LED 的耗电量。这对使用电池的便携电子产品而言是非常重要的节能技术。有关驱动电流控制技术常用的方法是利用 PWM 信号进行控制，由于 PWM 信号可使开关变换器开或关，因此它可使白光 LED 的亮度稳定化，同时还可以确保电池长时间的动作特性。

④ 完善的保护电路。

驱动器内部应设置各种保护措施，用以保护自身和白光 LED 可靠地工作。例如，驱动器内部普遍设置有低压锁存、过压保护、过热保护、输出开路或短路保护等电路。

⑤ 噪声小、抗干扰能力强。

驱动器的噪声会干扰其他电路的正常工作，同时，会形成噪声；另外，驱动器也会受到其他电路的干扰。因此，为了保证系统的优良特性，驱动器应具有噪声小、抗干扰能力强的特性。例如，白光 LED 作为 LCD 背光照明时，对驱动器的噪声和抗干扰能力要求就比较高。

⑥ 封装合理、经济方便。

封装工艺和材料要保证高效节能，并有良好的散热措施。尽可能小尺寸封装，并要求外围组件少而小，使所占印制板面积小，以满足使用方便、价位低廉的要求。

2. 白光 LED 驱动器的类型

白光 LED 需直流驱动工作，并且供电电源所能提供的直流电压高低不同，因此，白光 LED 驱动器应采用升压、降压或升降压式 DC/DC 变换器驱动电路。直流驱动一般有恒压和恒流两种驱动方式。所谓恒压驱动，无非是采用阻、容降压，然后加上一个稳压二极管稳压，或用开关电源方式，向 LED 供电。恒压驱动 LED 的方式存在效率低、亮度稳定性差等缺陷，一般在要求较低的场合使用。LED 的驱动最好的办法是采用恒流驱动，恒流电源可消除正向电压变化所导致的电流变化，产生恒定的 LED 亮度。

（1）恒压驱动器。

恒压驱动器的优点是成本低、封装小、外

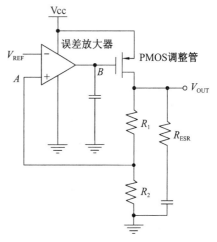

图 3.22　恒压驱动器的基本结构

围器件少，缺点是在某些应用条件下效率低，而且只能完成降压的功能。恒压驱动器的基本结构如图 3.22 所示。它的基本组成部分包括：基准电压源、电压误差放大器、PMOS 调整管、比例电阻 R_1 和 R_0。通常驱动电路中还有过温保护电路，当温度高于一定的值时自动关断。当 V_{OUT} 值过高时，A 点电压上升，从而 B 点电压也上升，因此流过 R_1 和 R_2 的电流会下降，所以 V_{OUT} 值会下降。

（2）电荷泵（电容式恒流驱动器）。

电荷泵以电容器作为储能元件，利用分立电容将电源从输入端传送至输出端，整个过程不需要使用任何电感。电荷泵电源的体积很小，设计也很简单。选择元件时通常只需根据元件规格从中选择适当的电容。电荷泵驱动器以其静态电流小、芯片面积小、无 EMI 噪声等优点，广泛地应用于各种便携式设备中。

电荷泵解决方案的主要缺点是只能提供有限的输出电压范围。绝大多数电荷泵的输出电压最多只能达到输入电压的两倍，这表示输出电压不可能高于输入电压的两倍。因此，若想利用电荷泵驱动一只以上的白光 LED，就必须采用并联驱动的方式。而利用输出电压进行稳压的电荷泵驱动多只白光 LED 时，必须使用限流电阻来防止电流分配不平均，但这些电阻会降低电池的使用效率。

电荷泵白光 LED 驱动器分为电压输出型和电流输出型。电压输出型电荷泵电路最为简单，主要用在对亮度稳定性要求不高的场合。白光 LED 以恒流供电，有利于抑制电源电压变动所造成的不利影响，电流输出型电荷泵是目前白光 LED 驱动器的最佳选择。近年来，电荷泵式驱动器可输出的电流已从几百毫安上升到 1.2A，并且转换效率也得到了很大提高。

电荷泵变换器电路中的模块有：开关阵列、逻辑电路和比较器。其结构如图 3.23 所示。一开始，S_2 和 S_3 闭合，S_1 和 S_4 断开，V_{IN} 对电容充电，然后 S_1 和 S_4 闭合，S_2 和 S_3 断开，电容器的上极板作为输出，这样，$V_{OUT}=2V_{IN}$。图中的控制器是根据输出电压的大小来控制开关的断开和闭合，以保证输出电压稳定。

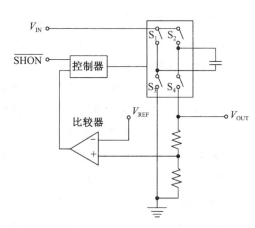

图 3.23　电荷泵电容式 DC/DC 变换器

目前，电荷泵变换器产品类型很多。例如，LM2794 就是一种用作背光源的电流输出型电荷泵。LM2794 以电流镜作为输出级，因而可以省去限流电阻，但会增加器件的功耗。LM2794 具有四路电流输出，每路为 20mA。若欲调整白光 LED 的亮度，仍可在其关断控制端加入脉宽调制信号，也可采用引入外部电流的方式改变其反馈阈值。该器件的电源电压范围为 2.7～5.5V，电压超过 4.7V 时会自动切换内部电路，改以"直通"方式工作。该切换阈值也有 250mV 左右的回差以防输出纹波恶化。值得一提的是，该器件的外形尺寸仅为 2mm×2.4mm×0.84mm，是同类器件中体积最小的。

（3）电感式驱动器。

基于不同的外围拓扑结构，电感式驱动器可以分为升压型电感式 DC/DC 变换器、降压型电感式 DC/DC 变换器和反转型电感式 DC/DC 变换器。升压型电感式 DC/DC 变换器的原理图如图 3.24 所示。图中方框代表控制器 IC，它不仅集成了控制逻辑，还把开关管 VT 集成在里边，有时甚至将开关二极管 VD（有的 IC 资料称之为同步整流器，简称为整流管）也集成在一起，使得外接元件数量很少，电路组成十分简单。但如果所驱动 LED 的功率太大，就要把开关管 VT 和开关二极管 VD 放在外面，而只把开关管的栅极驱动器集成在里边。

电感式驱动电路以电感器作为储能元件，大多数电感式解决方案都是采用升压式 DC/DC 变换器作为白光 LED 驱动器。有电感的升压式 DC/DC 变换器可输出较大的电流。事实上，以电感器作为储能元件的电感升压式开关变换器，在电压提升的效

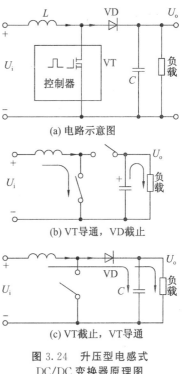

图 3.24　升压型电感式
DC/DC 变换器原理图

能方面优于电荷泵式变换器，可以输出更高的直流电压，方便白光 LED 的串联驱动。用作白光 LED 驱动器的升压型电感式 DC/DC 变换器多为电流输出型，电感式驱动电路体积小、效率高，适合为绝大多数便携式电子产品提供更长的电池使用时间。在应用中可以调整电感式变换器的效率，以便在体积和效率之间取得最佳平衡。

目前，升压型电感式 DC/DC 变换器产品类型很多。实际应用中，储能电感通常仍需外接。例如，LM2704 和 LX1993 就是两款实用产品。LM2704 可以在 2.2～7V 电压范围内工作，最高输出电压为 20V，输出电流为 20mA，可驱动两路共计八只白光 LED。LM2704 的特点在于片内功率开关峰值电流可达 0.5A，导通电阻仅为 0.7Ω，故而电源变换效率较高，同时易于解决小型封装器件的散热问题。LX1993 能以 20mA 的输出电流驱动单路四只白光 LED，其优点在于电源电压可以低至 1.6V。

3. 白光 LED 驱动器的集成器件举例

前面提到的电容式和电感式白光 LED 驱动器电路因为输入和输出之间并无隔离，所以统称为非隔离型电源变换器。输入是较低的直流电压，输出则是较高的直流电压，并以恒流方式供给 LED，使之发光。

下面给出几种常用的非隔离型集成白光 LED 驱动器芯片。

（1）恒定电流 LED 驱动器 LT1932。

LT1932 是一款固定频率升压型 DC/DC 转换器，其专为用作一个恒定电流源而设计。由于它直接调节输出电流，因此 LT1932 非常适合于驱动发光二极管（LED），

此类二极管的光强与流经它们的电流成比例，而不是与其端子上的电压成正比。其内部结构如图 3.25 所示。

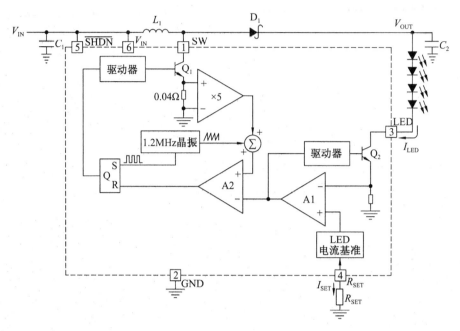

图 3.25　LT1932 内部结构图

由于输入电压 V_{IN} 范围为 $1{\sim}10V$，所以该器件可采用多种输入电源供电运作。LT1932 即使在输入电压高于 LED 电压时也能准确地调节 LED 电流，从而极大地简化了用电池作为电路供电电流的设计。

图 3.26 给出了使用 LT1932 驱动四个白光 LED 的实例。外部电阻器 R_{SET} 负责把 LED 电流设定在 $5{\sim}40mA$ 之间，在芯片的第 5 脚输入一个 DC 电压或一个脉宽调制（PWM）信号，对输出电流进行调节。当 LT1932 的第 5 脚输入为低电平时，芯片处于停机模式，LED 与输出实现断接，从而确保整个电路的静态电流低于 $1\mu A$。

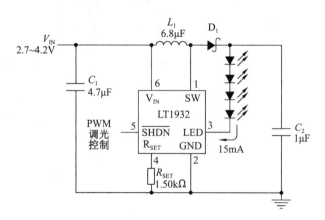

图 3.26　LT1932 驱动四个白光 LED

这款器件使用 1.2MHz 开关频率，应用电路中的电感和电容允许使用轻薄型的贴片封装，以在对空间敏感的便携式应用中，将器件的占板面积和成本降至最小。

（2）高效率升压型 DC/DC 电荷泵 TPS60110。

德州仪器公司生产的 TPS60110 是升压型 DC/DC 电荷泵，可产生(5±4%)V 的输出电压，输入电压的范围为 2.7～5.4V（三节碱性、镍镉或镍氢电池；一节锂或锂离子电池），当输入 3V 电压时，输出电流可达 300mA，仅仅需要四个外接电容，即可构成一个完整的低噪声 DC/DC 转换器。为确保电流连续输出时产生非常低的输出电压纹波，两个单端电荷泵采用推挽工作模式。当输入为 3V 时，TPS60110 满载启动，负载电阻为 16Ω。

TPS60110 采用恒定的开关频率，使产生的噪声和输出的电压纹波最小；同时还采用节电的脉冲跳过（pulse-skip）模式来延长轻负载下电池的使用寿命。TPS60110 的开关频率为 300kHz，逻辑关闭功能使供电电流减小到 1μA（最大值），并且负载从输入端断开。特殊的电流控制电路可防止启动时从电池吸收过多的电流。该 DC/DC 转换器无须外接电感，并且电磁干扰非常低。

TPS60110 内部结构如图 3.27 所示。当输入电压为 2.7～5.4V 时，TPS60110 电荷泵输出 5V 的稳定电压，并产生最大值为 300mA 的负载电流。TPS60110 专为对电路板面积要求较高的电池供电应用设计，整个电荷泵电路只需要四个外接电容。经优化配置，该电路可以达到轻负载时的最高效率或实现最低输出噪声。TPS60110 含有一个振荡器、一个 1.22V 的带隙基准、一个内部电阻反馈电路、一个误差放大器、几个高强度电流 MOSFET 开关、一个关断启动电路以及一个控制电路。

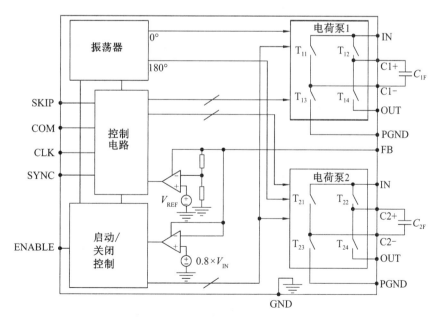

图 3.27　TPS60110 内部结构图

TPS60110 中振荡器的占空比为 50%，两个单端电荷泵相位相差 $180°$。每个单端电荷泵在振荡信号的半个周期内，如电荷泵 1 的 T12、T13 接通，输入电压 V 向电容 C_{1F} 充电，将电荷转换到转换电容 C_{1F} 中，C_{1F} 上电压可达到 V_{IN}；在另半个周期内，T12、T13 断开，T11、T14 接通，此时 V_{IN} 与 C_{1F} 上的电压串联向输出电容 C_O（输出电容 C_O 是接在芯片 OUT 端和地之间的一个电容，如图 3.28、图 3.29 所示）充电。一个单端电荷泵处于充电周期时，另一个则处于传输周期。这种操作产生两个几近恒定的输出电流，以确保低输出纹波。如果时钟是连续的，则输出电压 V_{OUT} 等于 2 倍的输入电压 V_{IN}。

在启动期间，当 ENABLE 从逻辑低电平设置为逻辑高电平时，开关 T12 与 T14（电荷泵 1）、开关 T22 与 T24（电荷泵 2）对输出电容充电直到输出电压 V_{OUT} 达到 $0.8V_{IN}$。若启动比较器检测到该极限，器件开始在 SKIP 与 COM 引脚选择的模式下工作。在启动时对输出电容充电，可以缩短启动时间，并且可以不必在 IN 端与 OUT 端之间连接一个肖特基二极管。

为产生 5V 的固定输出电压，TPS60110 采用脉冲跳过模式或恒定频率模式。通过 SKIP 输入引脚，在外部可选择脉冲跳过模式或恒定频率模式。

• 脉冲跳过（pulse-skip）模式：在脉冲跳过模式（SKIP 为高电平）中，误差放大器在检测到高于 5V 的输出电压时将禁止功率级的转换，振荡器暂停，器件则跳过转换周期直到输出电压回落到 5V 以下，然后误差放大器重新激活振荡器，并且功率级的转换再次开始。

在脉冲跳过模式中，因为它不会连续转换而且在输出电压高于 5V 时，这种模式会禁止除带隙基准与误差放大器之外的所有功能，在禁止误差放大器转换时，负载也被从输入端隔离，所以这种模式下可以使工作电流最小。SKIP 是逻辑输入端，不应悬空。

TPS60110 在脉冲跳过模式中的典型应用电路如图 3.28 所示。

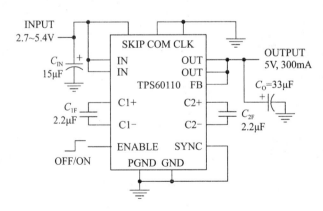

图 3.28　TPS60110 在脉冲跳过模式中的典型应用电路

• 恒定频率模式：当 SKIP 管脚接低电平时，电荷泵以振荡器的工作频率 f_{osc} 持续工作。从误差放大器馈送的控制电路通过驱动 T12/T 13 与 T22/T23 的门极来分别控制 C_{1F} 与 C_{2F} 上的电荷。这一调节过程使输出纹波最小。由于两个电荷泵交替工作，输出信号里包含了电荷泵交替工作带来的高频噪声。为了减小输出纹波，该电路需要更小的外部电容。

恒定频率模式由于存在较高的工作电流，其工作效率在轻负载条件下没有脉冲跳过模式高。

TPS60110 在恒定频率模式中的典型应用电路如图 3.29 所示。

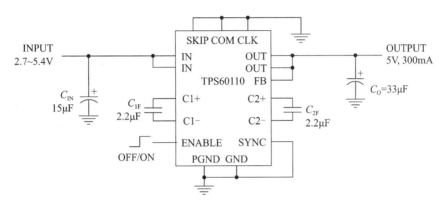

图 3.29　TPS60110 在恒定频率模式中的典型应用电路

除上述两种工作模式外，TPS60110 还有一种单端工作模式。

• 单端工作模式：当 COM 为高电平时，器件则在单端工作模式中工作。两个单端电荷泵并行工作，没有相移。它们在半个周期内将电荷输送到传输电容（C_F），在另外半个周期（传输周期）期间，C_F 与输入端串联，以便将电荷传送到 C_O。在单端工作模式中，只需要一个传输电容（$C_F = C_{1F} + C_{2F}$），可以更好地节约电路板空间。

单端工作模式的典型应用电路如图 3.30 所示。

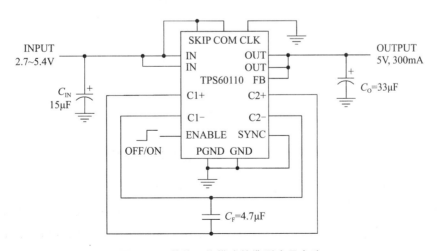

图 3.30　单端工作模式的典型应用电路

从上述 TPS60110 的工作模式可以看出，它是一款电压输出型电荷泵白光 LED 驱动器，用于多个 LED 并联的情形。下面给出了两种应用扩展。

（3）应用扩展。

◇并联两个 TPS60110，输出 600mA 电流。

可以将 TPS60110 并联以产生更高的负载电流。在输出电压为 5V 时，图 3.31 中的电路可以输出 600mA 的电流。该电路使用了两个并联的 TPS60110。这两个器件可以共享输出电容，但每个器件需要各自独立的传输电容与输入电容。为实现最佳性能，关联的器件应采取相同的工作模式（脉冲跳过模式或恒定频率模式）。

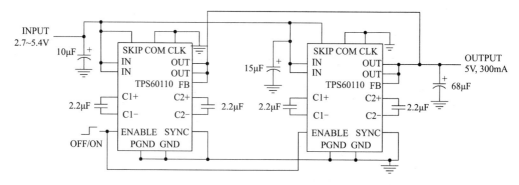

图 3.31　两个 TPS60110 并联输出 600mA 电流

◇TPS60110 与 LC 滤波器一起使用，使纹波变得极低。

在要求极低的输出纹波的应用中，建议使用一个小型 LC 滤波器，如图 3.32 所示。附加小电感与滤波电容比单独使用电容可以使输出纹波更低。

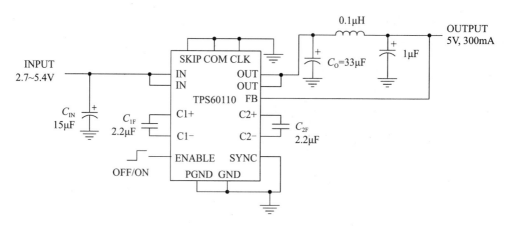

图 3.32　TPS60110 与 LC 滤波器一起使用

（4）升压型电感式变换器 LED 驱动芯片 NCP5007。

NCP5007 是安森美（ON Semiconductor）半导体公司的产品，是一款恒流型 LED 驱动器，采用 TSOP-5 封装，共有 5 条引脚。所有引脚加了防静电的保护二极管（ESD），以免引脚受静电干扰而击穿。该芯片的主要用途是驱动白光二极管串，配上合适的电容，能输出高达 1.0W 的输出功率，可作为小屏幕 LCD 的背光照明用（例如，手机的显示背光照明），但不具备闪光灯的功能（要用电流为 350mA、功率为 1W 的白光 LED 做闪光灯）。

NCP5007 芯片具有以下特点：输入直流电压范围为 2.7～5.5V，输出电压可达 22V，允许驱动 5 个串联的 LED；可以调整输出电流的大小，使之与 LED 的要求相匹配，并保持此电流恒定；在输入电源电压变化的情况下，实现 LED 亮度的自动调整；IC 内部有过电压保护、热关断保护；可通过加到 FB 脚的模拟电压或 PWM 信号调节流过 LED 的电流，对 LED 进行调光；IC 静态的待机电流很低，只有 0.3μA，可以减少手机电池的功率消耗，延长电池的使用寿命。NCP5007 芯片结构如图 3.33 所示。

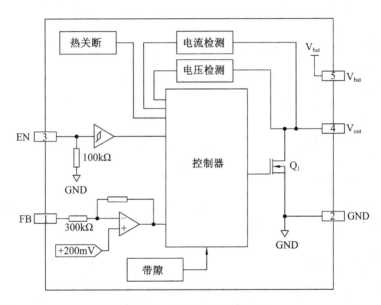

图 3.33　NCP5007 芯片结构

NCP5007 芯片引脚功能如下：

• FB：反馈信号输入端。反馈输入为模拟信号，输出到 LED 的电流可以通过连到此脚的检测电阻加以检测，检测电阻的电压送到 IC 内部，能自动地使 LED 电流得到调整。输入此脚的可以是模拟信号，也可以是 PWM 信号。改变该脚的电阻或送到此脚的外加电压信号，可以改变 LED 的电流，从而调整其亮度（调光）。

连到此脚的检测电阻如采用误差为 ±5% 或精度更高的精密电阻，可以准确地控制 LED 的电流（亮度）。

若输入的 FB 脚与地之间的电压超过 700mV，IC 内部的比较器将自动关断 NCP5007，使之停止工作。

• GND：电源及模拟信号地。必须保证良好接地，避免受火花影响造成误动作，PCB 的走线要足够宽，免得电流密度过大，将地线烧断。

·EN 数字信号输入端。当输入一个高电平的逻辑信号时，NCP5007 开始工作。由于内部接了一个下拉电阻，所以当此脚悬空时，IC 不工作；正常工作时，EN 必须为高电平，可以直接和电池电源相连。

输入的逻辑高电平应是标准的 1.8V 或 CMOS 逻辑高电平。在此脚加 PWM 信号，也可以调整 LED 的亮度。

·V_{bat}：电池电源输入端。此脚接外接电池的正极，并使用高品质的电容旁路到地，可用 4.7μF/6.3V、等效串联阻抗（ESR）低的电容，电容尽量让它靠近 2、5 脚。

·V_{out}：功率输出端，即变换器的直流电压输出端。此脚与 V_{bat} 间外接电感 L，同时和肖特基二极管相连，给负载提供恒定的输出电流，其输出电压最高不能超过 22V。一旦输出电压超过过压保护（OVP）阈值，IC 将进入关断状态。要重新启动它，可以在 EN 脚加一个由低到高的逻辑信号，或关断电池电压后再重新接通。

为避免过压保护（OVP）误动作，该管脚需旁路一个等效串联电阻（ESR）小的陶瓷电容，电容值在 1.0～8.2μF 之间，其 ESR 小于 100mΩ。

图 3.34 是用 NCP5007 组成的驱动 LED 的电路，外接元件很少。为了减少损耗，升压二极管 D1 采用肖特基二极管（例如，MBR0530），它的导通压降较小，可以提高整个电路的效率，并具有开关电路所需要的快速恢复的特点。开关二极管只在开关管截止时导通，所承受的最大反峰电压等于输出电压，平均电流等于正常工作时的输出电流。一般在此类电路中，电流额定值为 1A，反向电压为 20V、30V、40V 的肖特基二极管都可应用。

电感 L_1 的一端与 5 脚 V_{bat} 相连，另一端则与开关二极管相接。在此电路中，电感 L_1 的典型值为 22μH。如输出电流超过 20mA，电感的直流电阻最好低于 0.15Ω，以免使电源转换效率降低。采用较大的电感，可以使输出电流更稳定些、纹波更小一些。为了减小电感的尺寸，一般开关频率都比较高，约为 1MHz。

在图 3.34 中，发光二极管采用串联连接、恒流驱动，保持 LED 发光亮度一致。R_1 为 LED 电流检测电阻，改变其阻值，可控制流过二极管的电流和亮度，使输出电流与 LED 要求的电流相匹配。

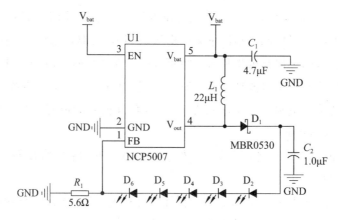

图 3.34 NCP5007 典型应用

3.4　本章小结

　　LED 电光源又被称为 LED 照明电源或驱动电源，是 LED 照明源的组成部分。LED 电光源由 LED 驱动电路和 LED 排列组成，本文介绍了 LED 的不同排列方式，并结合 LED 排列方式对 LED 电光源的驱动技术进行了介绍。白光 LED 是照明中最常使用的 LED 类型，所以本章以较大篇幅介绍了白光 LED 电光源的驱动技术及几种常用的白光 LED 驱动芯片。

LED 电光源的网络控制

第4章

随着 LED 电光源在家居和城市智能照明方面应用的快速推进，目前在相关领域内对 LED 电光源控制方法和控制技术的研究也在逐步深入，对其关注度越来越高。通过互联网对 LED 电光源进行控制，是未来照明智能控制的趋势。在远程智能控制下的 LED 灯可通过一些人性化的操作，进一步强化节能的效果。例如，在不同环境下的光照强度调节、定时开关、调光调色、艺术渲染等，使之成为智能 LED 光源，这将对 LED 照明领域产生深远的影响，使 LED 电光源变得"有感觉、有思想，而且充满智慧"。实现网络控制的 LED 照明系统必将为人们提供城市道路照明和居家生活方式的全新解决方案。

4.1　LED 电光源网络控制的基本概念

LED 发光器件实现网络控制的常见形式有两种：一种是将 LED 作为显示器件，如户外 LED 显示屏，它是由主控计算机通过网络实现对大屏幕的自动远端控制、远程操作，可以显示各种计算机信息、图形、图像、视频及二、三维动画等，它具有丰富的播放方式，能播放各种文件格式的视频节目；另一种是将 LED 作为电光源的照明系统，由于 LED 电光源比其他大部分电光源有更高的光能转换效率和使用寿命，并且人们更容易通过计算机对它进行控制，可以实现真正意义上的智慧照明。

本章要讨论的主要内容是对作为电光源的 LED 照明系统的网络控制方法。

近几年，随着物联网技术的出现，网络通信技术、无线传感网络、信息处理技术的不断发展，特别是低功耗和高速率的 Wi-Fi、蓝牙、ZigBee 等无线网络技术的发展和应用，为建设一种能通过互联网进行远程监视和控制功能的智能化照明控制系统提供了便利条件，LED 照明系统的网络控制技术而且有着广阔的发展前景和重要的现实意义。

4.1.1　LED 城市照明监控技术现状及趋势

最初的路灯控制是将若干路段的路灯并联在一起，通过闸刀开关进行集中控制，管理人员需每天按时操作，开启或切断路灯。手动控制方式工作量大，效率低，不能满足现代发展的要求，正逐渐被淘汰。而后在发展过程中采用的时控方式、电力载波控制、光控方式，也因功能单一、控制信号差或造价费用高等原因存在各种各样的缺陷。

LED 电光源的快速发展，推动了路灯控制方式的改变。国内已有众多的厂家在从事这方面的研究。但是目前有不少 LED 路灯仅仅改变了灯具的发光方式和驱动方式，其控制器大多属于单灯控制器，不提供组网功能，因此路灯的管理仍需采用常规的人为巡检方式。在某些城市，路灯被分为若干大片，每个大片由一个维修组负责巡检。在每个大片下，又分为 5 个小片，每个小片有路灯约 2 000 盏，维修组负责每天在亮灯后巡视其中的一小片，平均每天需耗时 3 小时左右，路灯的巡检方式带来了长期的人力、物力消耗。在城市 LED 照明控制方面，亟须一个智能、高效的监控管理方案，建立一个路灯远程监控系统，能远程实时查询、汇报、存储路灯的亮灯、故障情况，更能方便地根据实际昼夜情况、天气情况，调整路灯的亮灯时间与亮度，从而可以减少甚至取消路灯巡查，达到节约成本、节约能源的目的。

近些年来，很多路灯监控方式相继出现。目前主流的路灯监控方式主要有三种：有线通信方式、电力线载波通信方式以及无线通信方式。有线通信方式最可靠，但基础施工量最大，现阶段主要通过 RS485 总线或 CAN 总线进行通信；电力线载波通信方式是将控制信号直接加载在电力线上，虽然不需要额外的控制线路，但受电网本身质量影响较大；无线通信方式介于上述两者之间，该方式成本低，可靠性高。

在新加坡，工作人员在每个变电站的 24kV 电力传输系统中注入载波信号，在配电变压器的低压侧端控制箱内安装接收器，路灯就能通过接收器接收路灯开关命令，控制路灯的开或关，这就是电力线载波通信方式。在以色列，路灯监控系统采用 GSM、超短波两种信道自由切换的方式实现了对路灯的远程监控功能。在国内，上海市路灯监控系统于 1993 年开始建立，是一个覆盖全市的计算机监控系统，具有遥测、遥信、遥控功能，用于上海市重要路段及配电设施的监控。

随着电子信息技术的飞速发展，使得物联网技术在路灯监控领域的应用成为可能，基于物联网的路灯监控系统将具有更低的成本与更高的可靠性。LED 电光源的网络控制方案，除了应用于城市路灯系统外，也用于公园、广场的照明和艺术渲染，或用于办公或家居照明，其独特优势就是通过智能控制来创造一种既舒适又节能的照明环境和艺术氛围。

4.1.2　物联网简介

物联网（The Internet of Things）是继计算机、互联网、移动通信之后的信息产业技术又一次革命性的发展。物联网的概念起源于 1999 年，如今比较普遍认可的定义是：它是在互联网的基础上，通过 RFD（射频识别）与红外感应设备等传感仪器，按一定的协议，利用无线数据通信技术与传感技术将实物与 Internet 连接起来，进行信息交换，以实现智能化识别、定位、跟踪、监控和管理的一种网络。所以通俗地说，它实质上是一个实现全球物品信息实时共享的实物互联网。物联网技术使物品更加智能化，实现了人与物、物与物之间的交流，使这些物品都变得有"生命"，物联网技术在人类日常生活、生产中具有广阔的应用前景。

物联网从一开始就受到了世界各国的广泛关注，如今，多国政府更是将物联网技术提升到国家发展战略的高度。2009 年，美国奥巴马政府把"智慧地球"上升为国家战略；欧盟也在同年推出"欧洲物联网行动计划"；日本在 2009 年颁布了新一代信息化战略"i-Japan"；澳大利亚推出了基于智慧城市和智能电网的国家发展战略；此外，还有"数字英国""新加坡智慧国 2015"等国家重要发展战略。在中国，政府于 2009 年就提出了"感知中国"的理念，并于 2010 年把包含物联网在内的新一代信息技术等 7 项重点产业列入"国务院加快培育和发展的战略性新兴产业"中，同时纳入我国"十二五"重点发展战略及规划。

因为物联网是一个基于互联网、传统电信网等网络载体，让所有能够被独立寻址的普通物理对象实现互联互通的网络，所以它具有普通对象设备化、自治终端互联化和普适服务智能化三个重要特征。

首先，它是各种感知技术的广泛应用。物联网上部署了多种类型传感器，每个传感器都是一个信息源，不同类别的传感器所捕获的信息内容和信息格式不同。传感器获得的数据具有实时性，按一定的频率周期性地采集环境信息，不断更新数据。

其次，它是一种建立在互联网上的泛在网络。物联网技术的重要基础和核心仍旧是互联网，通过各种有线和无线网络与互联网融合，将物体的信息实时准确地传递出去。在物联网上的传感器定时采集的信息需要通过网络传输，由于其数量极其庞大，形成了海量信息，在传输过程中，为了保障数据的正确性和及时性，必须适应各种异构网络和协议。

物联网的三项关键性技术包括传感器技术、RFID 技术和嵌入式系统技术，而传感器技术也是计算机应用中的一种关键技术。物联网的感知层服务中不仅提供了传感器的连接，其本身也具有智能处理的能力，能够对物体实施智能控制。物联网将传感器和智能处理相结合，利用云计算、模糊识别等各种智能技术，扩充其应用领域。

物联网把新一代 IT 技术充分运用在各行各业之中，具体地说，就是把感应器嵌入和装备到电网、铁路、桥梁、隧道、公路、建筑、供水系统、车辆、照明灯具等各种物体中，然后将物联网与现有的互联网整合起来，实现对整合网络内的人员、机器、设备和基础设施实施实时的管理和控制，在此基础上，人们可以用更加精细和动态的方式管理生产和生活，达到"智慧"状态，提高资源利用率和生产力水平，改善人与自然间的关系。

4.1.3　物联网的主要应用领域

物联网应用广泛，遍及智能交通、环境保护、政府工作、工业监测、环境监测、农业管理、平安家居、公共安全等多个领域。举例来说，当司机驾车出现操作失误时，汽车会自动报警；公文包会提醒主人忘带了什么东西；衣服会"告诉"洗衣机对水温的要求；等等。物联网在物流领域也有广泛应用。例如，一家物流公司应用了物联网系统的货车，当装载超重时，汽车会自动告诉你超载了，并且超载多少，但空间还有剩余，告诉你轻重货怎样搭配；当搬运人员卸货时，一只货物包装可能会大叫"请你轻点！"，或者说"亲爱的，请你不要太野蛮，可以吗？"；当司机在和别人扯闲话，货车会装作老板的声音怒吼"笨蛋，该发车了！"。

1. 物联网传感器产品

物联网传感器产品已率先在上海浦东国际机场防入侵系统中得到应用。系统铺设了 3 万多个传感节点，覆盖了地面、栅栏和低空探测，可以防止人员的翻越、偷渡、恐怖袭击等攻击性入侵。2010 年，上海世博会也与中科院无锡高新微纳传感网工程技术研发中心签下订单，购买防入侵微纳传感网 1 500 万元产品。

2. 智能交通系统(ITS)

以现代信息技术为核心，利用先进的通信、计算机、自动控制、传感器技术，实现对交通的实时控制与指挥管理。交通信息采集被认为是 ITS 的关键子系统，是发展 ITS 的基础，是交通智能化的前提。无论是交通控制还是交通违章管理系统，都涉及交通动态信息的采集，故交通动态信息的采集就成为交通智能化的首要任务。

3. 高铁物联网

我国首家高铁物联网技术应用中心于 2010 年 6 月 18 日在苏州科技城投用，该中心将为高铁物联网产业发展提供科技支撑。

4. 智能变电站

2011 年 1 月 3 日，国家电网首座 220kV 智能变电站——无锡市惠山区西泾变电站投入运行，并通过物联网技术建立传感测控网络，实现了真正意义上的"无人值守和巡检"。西泾变电站利用物联网技术，建立传感测控网络，将传统意义上的变电设备"活化"，实现自我感知、判别和决策，从而完成自动控制。西泾变电站完全达到了智能变电站建设的前期预想，其设计和建设水平全国领先。

5. 手机物联网

将移动终端与电子商务相结合的模式，让消费者可以与商家进行便捷的互动交流，随时随地体验品牌品质，传播分享信息，实现互联网向物联网的从容过渡，缔造出一种全新的零接触、高透明、无风险的市场模式。手机物联网购物其实就是闪购。广州闪购通过手机扫描条形码、二维码等方式，可以进行购物、比价、鉴别产品等。专家称，这种智能手机和电子商务的结合，是手机物联网其中的一项重要功能。

6. 路灯远程控制系统

ZigBee LED 路灯远程控制系统点亮济南园博园。ZigBee 无线路灯照明节能环保技术的应用是此次园博园中的一大亮点，园区所有的功能性照明都采用了 ZigBee 无线技术达成的无线路灯控制。

4.1.4　短距离无线通信技术简介

随着通信技术的发展，尤其是当今物联网的飞速进步，人类对信息交换的可靠性、实时性要求更高，无线通信在我们的现代通信中扮演着越来越重要的角色，而在各种物联网中，短距离无线通信技术因其方便、可靠性高、成本低、实时性好等各方面的优势，得到了越来越多的运用。常见的几种短距离无线通信技术有以下几种。

1. 无线局域网技术 IEEE 802.11x（Wi-Fi）

Wi-Fi 是一种基于 IEEE 802.11 标准的无线局域网技术，是当前非常广泛使用的一种短距离传输技术。Wi-Fi 有 2.4GHz 和 5.8GHz 两个频段，最低速率有 1Mbps，最高速率可达 54Mbps，它覆盖范围广，可靠性高，抗干扰性能强，但数据安全方面相对较差。因为 802.11 传输距离与速度上的局限性，无法达到人们的要求，于是 Wi-Fi 联盟又接着推出了 802.11b、802.11a 和 802.11g 等新标准。802.11b 无线网络具有便携性、投资费用低等优点，广泛应用于咖啡厅、图书馆、宾馆、飞机场等区域。802.11g 采用正交频分多路复用调制技术，大大提高了传输速率，有可能在未来无线通信中占有举足轻重的地位。Wi-Fi 能有效地利用带宽，但是电能消耗较多，因此需要较大的电池容量，所以在一些工业场合的应用就不太容易。

2. 蓝牙（Bluetooth）

蓝牙的出现是为了解决短距离的无线传输，最常见的则是蓝牙耳机与手机之间、电脑与手机之间的信息交换。蓝牙无线技术也工作在 2.4GHz 频段，1MHz 信道带宽，并且全双工通信采用时分方式，通信的传输速率可以达到 723.2kbps，通信距离可以达到 10m，增加功率放大器后，通信距离可达上百米。蓝牙设备具有成本低、功耗低和体积小的优点，在全球范围内得到了广泛的应用。蓝牙技术最大的障碍是其内部和网络结构比较复杂而且价格比较昂贵，节点配置至多为 7 个，不太适合应用于大规模网络中。蓝牙的优越性在于它的移动性更强，不局限于办公室、校园等一些小的局域网通信场合，也可以连接到广域网的其他通信设备，从而实现全球漫游。蓝牙技术的发展与它的价格和今后电子市场的发展息息相关。

3. 红外线数据通信

红外线数据通信是指利用红外线进行点对点传输数据的无线通信技术，它是第一个实现无线个人局域网（WPAN）的技术。红外线传输是利用光线传输，发射和接收数据时需要两套设备，没有信道，不需要申请频段使用权，因此降低了使用成本，又因为传输时两套设备需要对准，所以增强了其保密性和安全性。红外线数据通信技术传输数据速率非常快，最高可达 16Mbps。利用红外线传输数据时两套设备中间不能有其他非透明的障碍物，所以这种技术局限于两套设备，这是它的短板。但红外线传输技术具有设备功耗低、易携带、易组装、易于使用的特点。使其在很多场合得到应用，目前红外技术已广泛应用于电脑、手机、电遥控器装置。随着对 IrDA 红外连接技术研究的深入，如何改变传输速率和调整传输视距是摆在人们面前的主要问题。

4．ZigBee

ZigBee 技术作为新兴的短距离无线网络技术已经得到了广泛的应用，适用于传输范围要求相对较小，数据传输速率要求相对较低的场合。ZigBee 和蓝牙一样，工作在 2.4GHz 频段，选用跳频技术，它具有复杂度低、速率慢、功耗低、费用低、可靠性高、网络容量大的优点。ZigBee 技术被广泛应用于电脑外设、一些无线电子设备、智能化控制、医疗器械、工业现场控制等领域。

每一种无线技术都有其自身的特点，都可用于特定的场合，也能够匹配在一起共同工作。对于城市建设来讲，选取成本较低、有利于长期发展的无线通信技术，是城市走可持续发展道路的重中之重。表 4.1 所示为各种常用的无线通信方式主要参数的比较。

表 4.1　各种常用的无线通信方式的比较

	Wi-Fi	蓝牙	红外线	ZigBee
有效距离	25～100m	10～100m	5～10m	10～100m
传输速率	11Mbps	1～3Mbps	16Mbps	20kbps、40kbps、250kbps
最大节点数	32	7	2	255/65535
最大功耗	100mW	100mW	几毫瓦	30mW
通信频道	2.4GHz	2.4GHz	980nm 红外光谱段	868MHz、915MHz、2.4GHz
应用场合	电脑或网络	家庭或办公室	遥控器	传感器网络、工业控制

通过对各种短距离传输方式的比较，设计者可以根据不同的使用场合和要求来选取不同的通信方式。通过组网能力、可靠性、安全性等各方面的分析与比较，可以看出，LED 电光源的网络控制宜采用 ZigBee 技术。

4.1.5　ZigBee 的主要特点

ZigBee 一词来源于蜜蜂用来传递信息的 ZigZag 形舞蹈，当蜜蜂察觉到花粉时，蜜蜂通过 ZigZag 形舞蹈来告诉伙伴花粉的位置信息，ZigBee 技术就是通过这样的信息传递方式，对信息进行获取和交换的。ZigBee 技术是最近几年发展起来的一种无线通信技术，它主要面向短距离的通信，具有复杂度低、功耗低的优点。

1993 年 3 月，旨在建立一种短距离、低传输速率、低功耗的无线通信协议标准，WAN 小组开发了三种不同的 WAN 标准，现在的 ZigBee 技术就为其中一种标准。2001 年 8 月，ZigBee 联盟成立。2002 年 8 月，英维斯、摩托罗拉、三菱电气、飞利浦公司共同加盟。2004 年年底，联盟公布了 ZigBee V1.0 版标准，从此有了 ZigBee

网络层、应用层规范的定义。2007 年年底，推出了增强功能的 ZigBee 协议升级版 ZigBeePRO。2009 年年初，为了实现 ZigBee 技术的通用性，ZigBee 采用互联网工程任务组的 6Lowpan 标准作为智能电网 SEP 2.0 的标准，实现了端到端的网络通信。ZigBee 被广泛应用于工业自动化、传感器网络、医疗、军事等行业，随着信息通信的发展，ZigBee 技术正呈现出蓬勃的发展趋势。

ZigBee 无线通信技术大多应用于远程监控和自动控制领域。ZigBee 工作在专门为工业、医疗以及科研而划分出来的频段，不用申请便能无偿使用。ZigBee 模块集成了单片机、无线射频收发模块和 ZigBee 协议模块，可以用无线收发的方式传输数据信息，所以又称为无线单片机。ZigBee 标准并不是一个全新的协议标准，它是对无线局域网协议标准的补充和增强。

在无线通信领域中，对于速率和功耗要求相对较低的行业，一般首选 ZigBee 技术，其主要特点如下：

1. 低成本

相对于蓝牙、Wi-Fi 等短距离通信技术来说，ZigBee 技术简化了许多不必要的协议，从而降低了对通信控制器的要求。另外，ZigBee 协议不需要专利申请费用，并且 ZigBee 设备的初期成本比较低。

2. 低速率

ZigBee 按照工作频段的不同，选取与之对应的传输速率，在 868MHz 频段传输速率为 20kbps，在 915MHz 频段传输速率为 40kbps，在 2.4GHz 频段传输速率为 250kbps，根据以上参数来看，它们都处于较低的传输速率范围。在传感器和智能监控方面，一般应用 20kbps 的速率即可；在计算机外设和智能玩具中，需求速率为 250kbps。

3. 低功耗

ZigBee 网络中的设备节点分为三种，分别是协调器节点、路由器节点和终端节点。低功耗指的是终端节点，ZigBee 的传输速率低，每次传输数据量很少，因而信号收发周期短，当停止数据的收发时，节点处于休眠状态。除此之外，ZigBee 节点搜索、睡眠激活、信道接入时间都很短，所以 ZigBee 功耗很低。两节 5 号电池可以供电半年时间，而在相同情况下蓝牙只能坚持数周，Wi-Fi 只能坚持数小时。

4. 短时延

ZigBee 响应速度相对较快，搜索到周围设备节点的时间一般只需 30ms，活动设备节点接入信道的时间为 15ms，设备从休眠状态到正常工作状态所需时间也是 15ms。而蓝牙设备需在 3～10s 完成整个组网的响应过程，Wi-Fi 设备则需在 3s 内完成。因此，对时延要求比较高的工业控制场所，一般采用 ZigBee 技术。

5. 免申请许可无线通信频段

ZigBee 选用直接序列扩频在 ISM 频段，此频段是国际通信联盟无线电通信局定义的，主要开放给工业、科学、医学三个主要机构使用，属于 Free License，也就是说，无需授权许可，即可无偿使用，只需要遵守低于一定的发射功率（一般低于1W），并且不要对其他频段造成干扰即可。ISM 频段就是全球通用的 2.4GHz 频段、欧洲的 868MHz 频段以及北美的 915MHz 和 5.8GHz 频段。这样一来，ZigBee 产品中对频率的限制就会消除，从而与国际标准接轨。

6. 多种组网方式

ZigBee 网络具有多种组网方式，以网络协调器为中心，可以组成星型网络、树型网络和网状型网络三种网络拓扑结构。当终端位置移动，联络对象发生变化时，ZigBee 网络还可以寻找新的通信对象，形成新的网络，实现其网络的动态变化。

7. 数据传输可靠

ZigBee 的媒体接入控制层采用 CSMA/CA 协议，并且在信道中预留时隙，避免了数据发送过程中的冲突和竞争现象。另外，每发送一个数据包前，发送端需要发送一段请求传送报文给目标端，当目标端回应报文后，发送端才可发送数据，如果传输过程中出现问题，可以重新发送数据，增强了通信数据的可靠性。

8. 网络容量大

ZigBee 网络设备节点类型可以分为三种：位于核心的 ZigBee 协调器，用于搭建网络，并且为添加到该网路的节点设备分配网络地址，整个 ZigBee 网路只包含一个协调器；ZigBee 终端设备节点，可以起到控制和采集数据的功能，并使用 ZigBee 网络传输数据到协调器节点或路由节点，该节点不需要很大的存储空间；ZigBee 路由器，位于协调器节点和终端节点之间，起关联作用，ZigBee 树型拓扑网络和网状型拓扑网络都可以设置多个路由器节点。一个 ZigBee 网络最多可达（2^8-1）个网络节点，其中有唯一的一个父节点，另外的都是子节点。通过网络协调器后，整个网络可支持 6 万多个 ZigBee 网络节点，非常适宜在搭建城市的传感器网络中使用。

9. 自配置

ZigBee 网络通信设备在建立连接时首先会通知智能感知搜索设备，智能感知搜索设备根据排查，确定哪个 ZigBee 模块在协调器组网内部，然后通过网络协调器建立网络，采用载波侦听/冲突检测方式将设备节点加入预设信道内，当节点设备退出或加入时，ZigBee 网络能够自动修复，这种自配置能力保证了系统的正常运行。

10. 近距离

ZigBee 设备发射功率较小，所以节点间通信距离较短，一般在 10～100m 范围内，增加射频功率放大器后可达到 1～3km，通过路由器转发设备可以使传输距离进一步增大。

4.2 LED 电光源远程控制的网络架构

4.2.1 总体结构

LED 智能照明系统按照应用场合不同，可分为三类：一是室内 LED 智能照明系统，适用于居家照明、商业照明；二是室外 LED 智能照明系统，适用于景观照明、城市道路交通照明等；三是专业的 LED 智能照明系统，适用于特定场所的艺术照明。

按照控制方式不同，LED 智能照明系统也可分为以下几种：一是单灯控制型，即通过通信设备直接对某盏 LED 灯进行控制，这是应用最广泛也是最基本的照明控制系统，可用于家居或办公室照明控制；二是区域控制型，即通过局部网络（有线或无线）在某个区域内完成控制功能，一般由主控制单元、控制信号输入/输出模块、通信模块、区域照明模块组成，常应用于道路照明、景观照明；三是网络控制型，即通过互联网络对多个局部区域的照明设备进行联网控制。区域照明控制系统可以是整个联网控制系统的一个子系统，既可以作为一个独立的控制系统使用，也可以作为联网控制系统的终端设备使用。网络控制型 LED 照明控制系统主要由控制中心、控制信号传输系统、区域照明模块组成，通过整个照明控制系统完成对每盏 LED 灯的控制。单灯控制器即灯控设备可以安装在每盏 LED 灯上，并由远程控制信号通过网络与照明控制终端通信，完成对每盏 LED 灯的控制（开关，调光控制）。每盏 LED 灯的结构则由 LED 光源、LED 驱动器、灯具组成。

目前，以城市道路照明为代表的 LED 路灯智能照明系统网络控制主要是通过互联网和近距离无线网相结合的形式来实现的。其典型的基本架构示意图如图 4.1 所示。

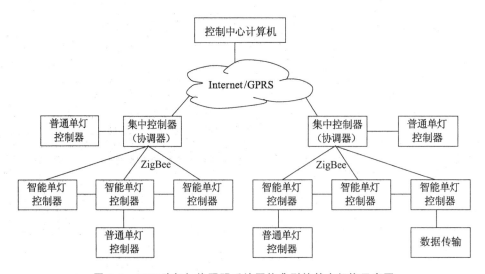

图 4.1　LED 路灯智能照明系统网络典型的基本架构示意图

LED 灯的状态信息可以被单灯控制器采集，然后通过无线传输到具有协调器功能的集中控制器（又称协调器），再通过 Internet/GPRS 网络到达控制中心；控制中心也可以根据 LED 灯的状态信息，发送控制命令到集中控制器，集中控制器可以通过广播命令传输给单灯控制器，单灯控制器向直接连接在它上面的 LED 灯发送控制信号，进而控制灯的开关或灯光的亮暗，智能单灯控制器还具有路由功能。如果远程通信网络采用 GPRS，则我们可以通过手机很方便地来控制 LED 照明系统。

4.2.2　LED 智能照明控制系统的网络节点及拓扑结构

按照计算机网络拓扑结构的概念，将参与网络通信的实体抽象为网络节点，它们之间的结构关系即称为网络拓扑，该照明控制系统中节点类型大体可分为四种：控制中心节点、网关节点、路由节点、终端节点，该系统节点构成的网络结构如图 4.2 所示。

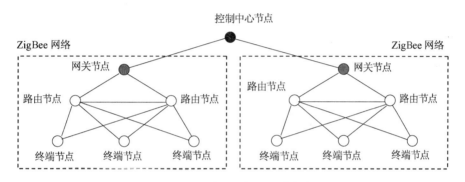

图 4.2　LED 智能照明控制系统节点组成

终端节点就是 LED 智能照明控制系统中的普通单灯控制器，通常和被监控对象（LED 灯）安装在一起，向下直接控制 LED 光源，实现 LED 灯的开和关、亮度调节等，并通过各种传感器采集 LED 灯的工作状态参数，如亮度、温度、电压、电流等；它向上通过 ZigBee 网络与路由节点进行通信，将现场采集的数据上传给路由节点，并接收上层通过路由节点发送来的控制命令，对 LED 灯进行控制操作。但是任一终端节点不能与其他终端节点进行信息传递。终端节点在不收发数据时为休眠状态。

路由节点也就是智能单灯控制器，它是在终端节点设计的基础上增加了路由功能，所以它也可作为终端节点使用。当它作为路由节点时，则既可以向网关节点发送终端节点所采集到的路灯状态参数，也可以实现路由地址选择，将上层网关节点发送的命令或数据发送给相邻其他路由节点或下层终端节点。

集中控制器（协调器）作为网关节点，实现控制中心与路由节点之间的通信功能，承担建立和管理 ZigBee 网络的功能并实现网络协议转换。

控制中心节点远程控制计算机或手机，处于较远的位置，起监控、管理和发送命令的作用。

在 LED 智能照明控制系统中，整个控制系统的网络构成主要是采用互联网和近距离无线网相结合的形式，网络被分成主干网和二级子网两层，控制中心节点与网关节点之间相当于主干网，其具体网络形式可以是广域网、局域网或者 GPRS 网；而网关节点与路由节点或终端节点之间的通信则通过近距离无线网来实现，我们可以将网关节点以下的无线通信部分看作一个通信子网，在这个通信子网中所采用的具体网络通信形式及拓扑结构对系统的性能及成本起到至关重要的作用，ZigBee 就是一种比较合适的近距离无线通信方式。

ZigBee＋Internet/GPRS 物联网技术凭借广泛的覆盖性、高效性、精确性、高可靠性、节约性和智能性，符合 LED 智能照明控制发展的趋势，不仅可以满足 LED 智能照明管理平台的控制、监视、测量和报警等要求，也能为 LED 智能照明管理平台后续功能复杂化，融入智慧城市，实现单一的业务服务向综合性服务体系的转变、实现社会公共服务向民生应用领域的延伸提供可行性。在这种组网形式下，主干网运行的是 TCP/IP 协议，通过 Internet 或 GPRS 连接；二级子网运行的是 ZigBee 协议，由于两级网络分别使用不同的协议，因此，需要网关节点完成协议的转换，以实现两级网络之间数据的透明传输，这个网关节点就是由集中控制器来担当的。

广域网或局域网的拓扑结构在计算机网络的相关理论中已有详尽论述，下面就 ZigBee 无线网络的拓扑结构做一简单介绍。

ZigBee 网络拓扑结构有三种：星型网络拓扑、树型网络拓扑、网状型网络拓扑。

1. 星型网络拓扑结构

星型网络拓扑结构由一个协调器节点和若干个终端节点或路由节点构成，如图 4.3 所示。

星型网络拓扑结构中协调器作为网络的中心节点，任何两个终端节点或路由节点之间的通信都要经过协调器节点。星型网络拓扑结构简单，易于实现，便于管理。但是，协调器节点负担很重，是信息传输的瓶颈，容易造成网络拥堵，从而丢失数据。星型网络拓扑结构适用于小型的数据收集或控制系统中。

图 4.3　星型网络拓扑结构

要注意，只有 FFD 设备（Full Function Device，完整功能设备）才能作为协调器节点。FFD 设备是指可提供全部的 IEEE 802.15.4 MAC 服务的设备，它不仅可以发送和接收数据，还具备路由功能；而 RFD 设备（Reduced Function Device，精简功能设备）只提供部分的 IEEE 802.15.4 MAC 服务，它只负责将采集的数据信息发送给协调器节点和路由节点，并不具备数据转发、路由发现和路由维护等功能，因此，只能充当终端节点，而不能充当协调器节点和路由节点。协调器节点的功能是创建网络并对整个网络的地址和数据进行管理，而 RFD 设备通常为别的节点，分布在网络覆盖的范围内，能够与协调器节点进行通信。

2. 树型网络拓扑结构

在树型网络拓扑结构中，节点按层次进行连接。树型网络拓扑结构也是由协调器

节点和终端节点或路由节点构成的，也是选
用 FFD 作为协调器节点，它能够连接多个路
由子节点和终端子节点。而路由子节点，也
应是 FFD，亦能够连接其他路由器和终端设
备作为它的子节点，形成层级的网络结构。
终端设备是叶子节点，没有子节点。信息交
换在上、下层节点之间进行，下层相邻节点
之间信息的交互需通过共有的父节点进行，

图 4.4　树型网络拓扑结构

没有直接联系的子节点之间进行通信则需要借助树状路由转发信息。树型拓扑可以看成
是星型拓扑的一种扩展，树状网络随着传输距离的增加，传输延迟也会相应增大，适用
于中等覆盖范围、数据量不太大的场合。树型网络拓扑结构如图 4.4 所示。

3. 网状型网络拓扑结构

网状型网络拓扑结构与树型网络拓扑
结构相似，用 FFD 来接收和发送数据，
RFD 的数据依然要通过父节点转发，不
同之处在于网状型网络拓扑结构的两两路
由节点间可以互相通信，网络结构更加灵
活，两个节点之间存在多条路由路径，当
一个路径出现故障时，可以选择其他路
径，具有自我组织、自我修复能力，可靠

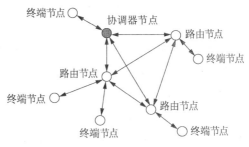

图 4.5　网状型网络拓扑结构

性好。这种拓扑结构比较复杂，必须采用路由选择算法与流量控制方法，路由节点和
协调器节点必须同时处于收发状态，功耗相对较高。网状型网络拓扑结构适用于覆盖
范围广、数据量要求高的工业控制和远程监测场合，其网络拓扑结构如图 4.5 所示。

为了提高 LED 智能照明系统网络控制的可靠性，ZigBee 通信网宜采用网状型网
络拓扑结构，这样可以减缓数据传输延时，增强网络的"自愈"能力。借助路由中转
节点，ZigBee 无线传感网络中的数据信息可以实现多条网络传输。

4.3　ZigBee 网络通信协议

无线传感器网络节点要进行相互的数据交流，就要有相应的无线网络协议（包括
物理层、MAC 层、网络层、应用层等），传统的无线协议很难适应无线传感器的花
费低、能量低、容错性高等要求，这种情况下，ZigBee 协议应运而生。ZigBee 是一
种新兴的短距离、低速率的无线网络技术，主要用于近距离无线连接，它有自己的协
议标准，在数千个微小的传感器之间相互协调实现通信。

ZigBee 是一个可由多达 65 000 个无线数据传输模块组成的无线数据传输网络平台，

| 分类似现有的移动通信的 CDMA 网或 GSM 网,每一个 ZigBee 网络数据传输模块类似移动网络的一个基站,在整个网络范围内,它们之间可以进行相互通信;每个网络节点间的距离可以从标准的 75m 到扩展后的几百米,甚至几公里。另外,整个 ZigBee 网络还可以与现有的其他各种网络连接。ZigBee 的具体协议由协议栈实现。

通俗地说,协议栈就是协议和用户之间的一个接口,开发人员通过使用协议栈来使用这个协议,进而实现无线数据的收发。ZigBee 协议栈结构基于标准的开放系统互联(OSI)模型,它是在 IEEE 802.15.4 标准基础上建立的,共分为 4 层:分别是物理层 PHY(Physical Layer)、媒体访问控制层 MAC(Medium Access Control Layer)、网络层 NWK(Network Layer)和应用层 APL(Application Layer)。但 IEEE 协议仅处理低级的 MAC 层和 PHY 层协议,因此,ZigBee 联盟对 IEEE 进行了如下扩展:位于 ZigBee 协议栈底层的 PHY 层和 MAC 层采用 IEEE 802.15.4 标准,该标准定义了 RF 射频以及与相邻设备之间的通信;而位于上层的 NWK 层、APL 层及其安全服务规范(安全服务提供层)由 ZigBee 联盟定制。

ZigBee 协议栈采用分层服务,数据只能在相邻层之间交换,各层向上层传递数据需要一个服务接点,我们把这一服务接点叫作服务访问点 SAP(Service Access Point)。这种服务访问点一般分为两种:数据服务访问点(带字母 D 的 SAP)和管理实体服务访问点(带字母 M 的 SAP),前者向上层提供传递数据服务,后者向上层提供访问内部参数、配置、状态和数据管理机制等服务。层与层之间的 SAP 通过一系列的服务原语来传递信息,从而实现相应的功能。ZigBee 协议栈结构如图 4.6 所示。

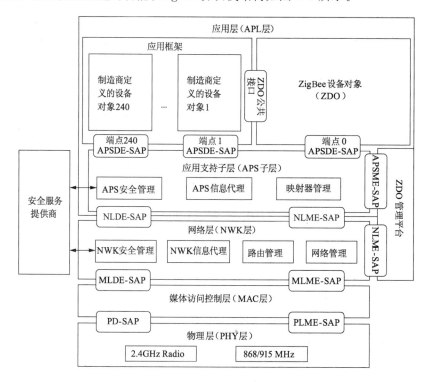

图 4.6 ZigBee **协议栈结构**

4.3.1　物理层（PHY 层）

PHY 层是 ZigBee 协议架构的最低层，承担
着和外界直接作用的任务。由射频模块和控制模
块构成，它采用扩频通信的调制方式，控制 RF
收发器工作，信号传输距离约为 50m（室内）或
150m（室外）。PHY 层能够通过该射频模块使
无线信道和 MAC 层之间进行通信连接，PHY
层的数据服务由物理层的数据服务访问点（PD-
SAP）供给，PHY 层的管理服务由管理实体服
务访问点（PLME-SAP）供给。PHY 层参考模型如图 4.7 所示。

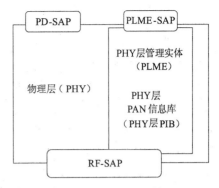

图 4.7　PHY 层参考模型

物理层模型主要包括：

（1）物理层通过数据服务访问点 PD-SAP 提供给 MAC 层数据服务。

（2）物理层还包括物理层管理实体 PLME，PLME-SAP 是提供给 MAC 层调用
物理层管理功能的管理服务接口，负责维护物理层 PAN 信息库（PHY PIB）。

（3）RF-SAP 是由底层无线射频驱动程序提供给物理层的接口。

IEEE 802.15.4 在 ISM 频段定义了三种载波频段，分别是 868MHz 频段、
915MHz 频段和 2.4GHz 频段。IEEE 802.15.4 PHY 层共划分了 27 个信道（0～
26）：868MHz 频段被划分了 1 个信道（编号 0），通常用于欧洲国家；915MHz 频段
被划分成了 10 个信道（编号 1～10），通常用于北美；2.4GHz 频段被划分成了 16 个
信道（编号 11～26），供世界通用。

ZigBee PHY 层主要有以下功能：

（1）激活或关闭无线射频设备。

（2）指定信道能量扫描、检测，判断信道带宽内接收信号功率的大小，由此来选
取能量足够的信道。

（3）接收链路质量指示，一般通过信噪比来判断无线信号的强弱和传输数据包是
否有丢包现象。

（4）空闲信道评估（CCA），通过能量门限检测和载波侦听检测来判断信道是空
闲还是已被占用。

（5）数据的接收/发送。

（6）信道频率的选择，避免同区域内的多个 ZigBee 网络相互影响和闲置信道的
浪费。

4.3.2　媒体访问控制层（MAC 层）

MAC 层遵循 IEEE 802.15.4 协议，位于 PHY 层和 NWK 层之间，是 PHY 层和
NWK 层的接口并为 NWK 层提供相应的服务，其功能类似于 OSI 参考模型中的数据

链层，负责设备间无线数据链路的建立、维护和结束，确认数据传送和接收的模式，可选时隙，实现低延迟传输，支持各种网络拓扑结构，网络中每个设备为 16 位地址寻址。它可完成对无线物理信道的接入过程管理。MAC 层参考模型如图 4.8 所示。

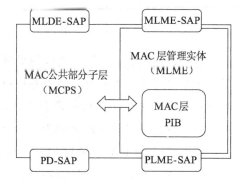

图 4.8　MAC 层参考模型

MAC 规范定义了三种数据传输模型：数据从设备到网络协调器、从网络协调器到设备、点对点对等传输。对于每一种传输模型，又分为信标同步模型和无信标同步模型两种情况。

在数据传输过程中，ZigBee 采用了 CSMA/CA 冲突避免机制和完全确认的数据传输机制，保证了数据的可靠传输。同时为需要固定带宽的通信业务预留了专用时隙，避免了发送数据时的竞争和冲突。

MAC 规范定义了四种帧结构：信标帧、数据帧、确认帧和 MAC 命令帧。

4.3.3　网络层（NWK 层）

网络层位于 MAC 层和应用层之间，网络层的作用是：建立新的网络，处理节点的进入和离开网络，根据网络类型设置节点的协议堆栈，使网络协调器能对节点分配地址，保证节点之间的同步，提供网络的路由。网络层在整个通信协议中占据重要地位，它可以使节点间采用多跳路由的方式间接通信，弥补了因能量和功率消耗的限制而不能直接通信的缺点，网络层的主要任务是确保 MAC 层的正确操作，并为应用层提供合适的服务接口。为了给应用层提供合适的接口，网络层用数据服务和管理服务这两个服务实体来提供必需的功能。网络层数据实体（NLDE）通过相关的服务接入点（SAP）来提供数据传输服务，即 NLDE-SAP；网络层管理实体（NLME）通过相关的服务接入点（SAP）来提供应用层所需的管理服务，即 NLME-SAP。NLME 利用 NLDE 来完成一些管理任务和维护管理对象的数据库，通常称作网络信息库（NWK PIB）。网络层参考模型如图 4.9 所示。

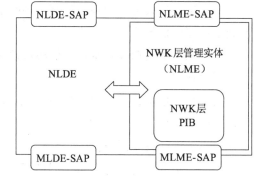

图 4.9　NWK 层参考模型

网络层的主要功能包括：

（1）对需要运行的新的网络或设备进行协议栈配置。

（2）能够使协调器节点和路由器节点都能控制其子节点的加入和断开。

（3）能够使协调器节点和路由器节点为已加入的设备节点分配地址。

（4）发现相邻设备，记录并上报到中心设备。

（5）发现网络里存在的高效路由信息。

（6）通过控制设备的接收时刻与接收时长，保证与 MAC 层的接收时序同步。

4.3.4　应用层（APL 层）

ZigBee 应用层位于最顶层，由应用支持子层（APS 子层）、ZigBee 设备对象（ZDO）和应用框架（Application Framework，AF）即制造商所定义的应用对象组成。应用支持子层（APS 子层）提供 NWK 层和 APL 层之间的接口，它提供了在 NWK 层和 APL 层之间以及从 ZDO 到制造商的应用对象之间的通用服务集的接口。这种服务由两个实体（数据实体 APSDE 和管理实体 APSME）来实现，数据传输服务由 APS 数据实体通过数据访问点（APSDE-SAP）提供，管理实体通过管理实体服务访问点（APSME-SAP）提供管理服务，并维护一个管理对象数据库。APS 子层参考模型如图 4.10 所示。

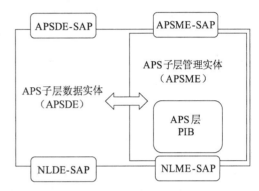

图 4.10　应用支持子层参考模型

APS 子层有以下三种功能：

（1）对 APS 层协议数据单元 APDU 的处理。

（2）绑定需求匹配的同一网络中的设备，信息可以在被绑定的两个设备之间传递。

（3）信息库维护管理和安全服务。

ZDO 有如下四种功能：

（1）对 APS 和 NWK 层进行初始化。

（2）分析设备功能，对设备在网络中的地位进行定义。

（3）初始化和响应绑定请求。

（4）提供设备 Profile 和 APS 之间的接口。

4.3.5　安全服务

ZigBee 建立了高可靠性的安全服务体系结构，能够建立密钥、运输密钥、传输安全帧和管理设备。ZigBee 设备是一个开放的信任模型，这种安全服务在同一设备不同协议层间不提供加密隔离，只对不同设备的接口之间进行加密保护。

ZigBee 安全服务是为了保证数据的完整并能使数据加密，是基于 NWK 层和 APL 层的安全服务体系。其主要安全服务有：

（1）保证数据的完整性，通过使用消息完整码，防止信息被非法修改。

（2）保护数据的私密型，采用 AES 算法的对称密钥方法保护数据。

（3）接入控制访问，每一个节点能够控制另外的节点对自身的访问，通过一个接入控制表（ACL）来实现。

（4）序列抗重放保护，通过运用信标号或数据号来防止数据的重复。

4.3.6 ZigBee 各层的数据帧格式

ZigBee 网络体系结构分为四层，每层都有特定的数据帧格式，各层协议之间的数据通信也是通过帧的形式完成的。

1. 物理层（PHY 层）数据帧格式

PHY 层数据帧包括同步头 SHR（Synchronization Header）、物理层帧头 PHR（PHR Header）和物理层有效载荷。物理层数据帧格式如表 4.2 所示。

表 4.2　PHY 层数据帧格式

同步头 SHR		物理层帧头 PHR		物理层有效载荷
4 Byte	1 Byte	1 Byte		0—127 Byte
前同步码	帧界定符	帧长 7 位	预留 1 位	物理层服务数据单元（PSDU）

同步头包括接收端时钟同步码，并把帧界定符值设为 $0xA7$，标识了起始的物理地址；物理层帧头包含了帧长度信息，其值小于 2^7，还包含了物理层有效载荷。

2. 媒体访问控制层（MAC 层）数据帧格式

MAC 层数据帧主要由三部分组成：MAC 帧头 MHR（MAC Header），MAC 层有效帧载荷、MAC 帧尾（MAC Footer），MAC 层数据帧格式如表 4.3 所示。

表 4.3　MAC 层数据帧格式

MAC 帧头 MHR						MAC 层有效帧载荷	MAC 帧尾
2 Byte	1 Byte	0/2 Byte	0/2/8 Byte	0/2 Byte	0/2/8 Byte	可变	2 Byte
帧控制	顺序列	目的 PAN ID	目的地址	源 PAN ID	源地址	帧载荷	数据校验序列

MAC 帧头包括帧控制和帧序列以及其他地址信息，MAC 层有效帧载荷根据数据帧类型可分为数据帧、命令帧、广播帧和确认帧四种，MAC 帧尾包含了一组数据校验信息 FCS。

3. 网络层（NWK 层）数据帧格式

NWK 层数据帧由帧头 NHR（NWK Header）和帧的可变长有效载荷 NPL（NWK Payload）两部分组成，NWK 层数据帧格式如表 4.4 所示。

NHR 包括帧控制、地址信息和序列信息，NPL 包含的信息随帧类型的改变而变动，且帧长可变。

表 4.4　NWK 层数据帧格式

网络帧头					有效载荷
2 Byte	2 Byte	2 Byte	0/1 Byte	0/1 Byte	帧长可变
帧控制	目的地址	源地址	广播半径	广播序列号	帧负载
	路由域				

4. 应用层（APL 层）数据帧格式

APS 头和 APS 有效载荷两部分组成 APS 的帧格式，依据帧控制字段性质的不同，可以把 APS 帧分为数据帧、命令帧和确认帧。APL 层层数据帧格式如表 4.5 所示。

表 4.5　APL 层数据帧格式

应用层帧头						有效载荷
1 Byte	0/1 Byte	0/2 Byte	0/2 Byte	0/1 Byte	1 Byte	可变
帧控制	目的地址	簇标识	配置文件标识	源端点	APS 计数	帧载荷
	地址域					

5. 层间帧结构

协议栈每一层都有各自的帧结构，ZigBee 层与层协议间的数据通信也是通过数据帧结构来完成的。由 APS 数据实体发送数据到 APS 层，为应用程序提供数据服务，整个数据的传输需要在各层添加帧头组成数据帧信息，从而完成层与层之间的数据通信。层间帧结构关系如图 4.11 所示。

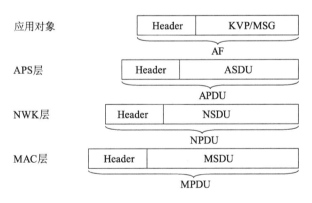

图 4.11　层间帧结构关系

MAC 层的服务数据单元 MSDU 经处理后添加 MHR，成为 MAC 层的协议数据单元 MPDU，然后 NWK 层的服务数据单元 NSDU 添加 NHR，成为 NWK 层的协议数据单元 NPDU，然后在 APS 层的服务数据单元添加 APS 帧头，成为 APS 协议数据单元 APDU，最后在应用对象的 KVP/MSG 前添加帧头，完成应用程序框架 AF。

4.4 LED智能照明控制系统的设计

一般设计LED智能照明控制系统时，应该遵循以下四个原则：

（1）在能达到预期效果的前提下，系统尽可能采用简单有效的方案，既节约成本，又能被广泛应用。

（2）系统能经受外部自然环境的考验而长期稳定地运行。因此，系统硬件电路的设计和元器件的选择尤为关键，要充分考虑元器件的性能、硬件电路整体工作环境等问题。

（3）在设计硬件电路的同时设计出可靠运行的系统软件，设计软件时可采用模块化思想。两者均做好，才能确保系统正常工作。

（4）系统中还应体现人性化的设计思想，便于检测和维护。系统要有很强的可操作性，工作人员可以实行简单的现场操作和中心监控操作，系统还应该具备故障自我诊断的能力。

4.4.1 LED智能照明控制系统的硬件结构

4.2.1节描述的LED智能照明控制系统远程使用GPRS网络的通信方式，该系统可以由ZigBee无线传感网络和GPRS通信模块构成。另外，在ZigBee网的中心设备协调器与GPRS模块之间还需要配置一个中央处理器（MCU）来完成相关的数据处理及控制，MCU还起到网关的作用，实现网络协议的转换。系统硬件结构简图如图4.12所示。

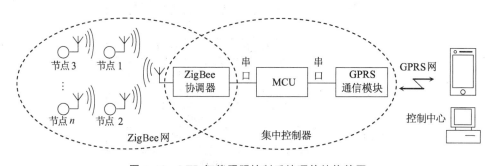

图4.12　LED智能照明控制系统硬件结构简图

ZigBee网络中的节点是单灯控制器，ZigBee网络中的协调器通过串口与MCU通信，MCU的另一串口与GPRS通信模块连接，MCU通过指令控制GPRS通信模块接收或发送数据，并对两个不同网络协议进行格式转换，进而通过GPRS网络与远程监控中心主控机相连，完成远程数据传输和监控的功能。协调器、MCU和GPRS无线通信模块可以作为一个整体，即集中控制器。

根据图4.12的系统硬件结构形式，从控制中心到LED电光源之间的信息传递路径构成的闭环系统，即 LED 智能照明控制系统框图如图 4.13 所示。远程控制中心（如手机）将操作命令通过 GPRS 网络发送给集中控制器，集中控制器以广播命令或点对点命令的方式将操作命令通过 ZigBee 网络传递给附近的单灯控制器，单灯控制器根据操作命令的具体内容去操作 LED 电光源的驱动电路，以控制灯的开关或亮暗；LED 的工作状态信息又可以通过各种传感器采集到单灯控制器中，然后以数据形式发送给集中控制器，集中控制器再通过 GPRS 网络将数据发送给远程控制中心，作为对 LED 照明现场进行分析、控制的依据。

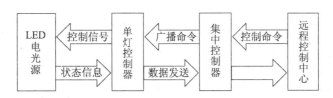

图 4.13　LED 智能照明控制系统框图

集中控制器和单灯控制器之间的通信使用 ZigBee 网络，除此之外，单灯控制器需要能够对 LED 灯的开关、亮度等进行调节控制，集中控制器需要能够处理及上报采集到的单灯控制器的数据，并能对单灯控制器发送控制命令等，所以，这些控制器都需要包含 MCU 模块。

现在市场上有很多集成了 ZigBee 通信模块的微处理器芯片，这里介绍 TI 公司推出的应用于 ZigBee 无线通信的片上系统 CC2530。该芯片工作在 2.4GHz 频段，符合 IEEE 802.15.4 规范，是目前众多 ZigBee 设备产品中表现最为出众的微处理器之一，其内部结构框图如图 4.14 所示。

CC2530 处理器芯片的主要特性如下：

（1）片内集成：增强型高速 8051 内核处理器，支持代码预取；256kB Flash 程序存储器，支持 ZigBee2007/pro 协议；8kB 数据存储器，支持硬件调试。

（2）工作电压 3.3V，支持 2～3.6V 供电区间，具有三种电源管理模式：唤醒模式 0.2mA、睡眠模式 1μA、中断模式 0.4μA。包括处理器和智能片内外设在内的模块，具有超低功耗的特点。

（3）片内集成 5 通道 DMA，MAC 定时器；1 个 16 位、两个 8 位普通定时器，32kHz 睡眠定时器，电源管理与片内温度传感器，8 通道 12 位 A/D 转换器，看门狗等智能外设。

（4）片内集成了 2.4GHz 的射频收发器，其 RF 发送输出功率为 4.5dB，接收灵敏度为 −97dB。

应用范围包括 2.4GHz IEEE 802.15.4 系统、RF4CE 远程控制系统、ZigBee 网络、家居自动化、照明系统、工业测控、低功耗 WSN 等领域。

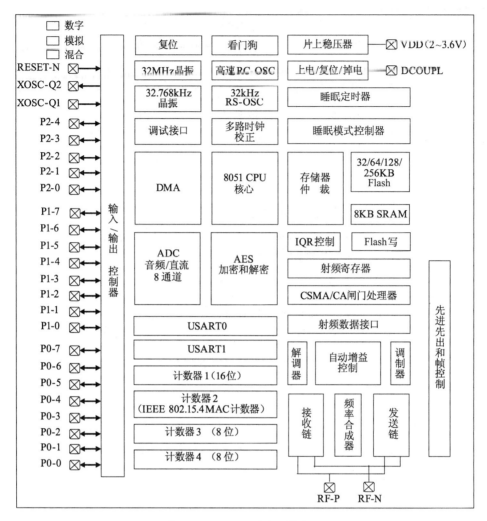

图 4.14　CC2530 内部结构框图

CC2530 在一般的应用系统中，其典型外围电路如图 4.15 所示。

在这个典型外围电路中，主时钟晶振采用外接石英谐振器 Y_2 组成 32MHz 晶振电路；石英谐振器 Y1 组成 32.768kHz 时钟晶振电路，32.768kHz 晶体振荡器电流功耗相对较低，并能准确记录睡眠唤醒时间。

下面介绍系统各部分模块硬件结构设计思路时，其中的微处理器（MCU）均使用 CC2530。

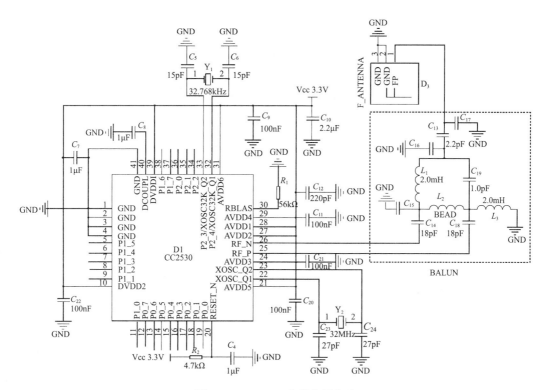

图 4.15　CC2530 典型外围电路

1. 集中控制器

集中控制器作为在 LED 照明网络控制系统中的网关节点，它由协调器、网关和 GPRS 通信模块共同组成，是一个 ZigBee 网络节点的汇聚点，担负着协议转换、建立和管理 ZigBee 网络的作用。向下，通过 ZigBee 网络与单灯控制器（路由节点或终端节点）进行通信，交换数据和传递控制命令；向上，通过 GPRS 与远程手机或主控计算机进行通信，将数据传送到远程控制中心，便于分析和管理，并接收远程控制命令。

集中控制器需要实现的功能主要有两个：

① 控制无线 RF 模块，通过 ZigBee 通信完成与各节点之间的数据收发。

② 实现相应的控制以及与上位机的通信。

控制器的基本结构主要由 MCU、协调器处理器模块、功率放大器及天线、电源电路、键盘及 LCD 显示器等组成。这里介绍使用 TI 公司的 CC2530，片上集成了 MCU 和协调处理器模块，使得设计得以简化。

（1）ZigBee 协调器模块。

如前面所述，协调器模块的处理器芯片采用 CC2530。在 LED 照明控制系统中，协调器作为 ZigBee 网络的核心，为了增加通信距离，实际应用中可以在处理器 CC2530 芯片上添加一个 RF 前端功率放大模块。如 TI 公司生产的 CC2591 是一款性价比很高的射频前端设备，主要在面向功耗比较低的无线传输中使用。CC2591 工作在 2.4GHz，它提供一个增益为＋22dB 的功率放大器来提升输出功率。为了改善接收灵敏度，采用了低噪声放大器，并含有平衡转换器、交换机、电感器和 RF 匹配网络等，接收机部分内部集成的 LNA 接收增益最大为 11dB，噪声系数为 4.8dB，接收机灵敏度可提高 6dB。模块中增加了 CC2591 以后，可以增加无线系统的覆盖范围，不但能够节省路由器的费用，而且能够在传输数据时减少延时。

协调器模块的实际结构框图可以采用如图 4.16 所示的模式。

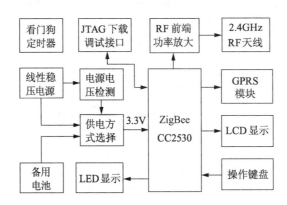

图 4.16　协调器模块的实际结构框图

LCD 显示模块可以实时显示 ZigBee 无线网络的组网信息；LED 指示灯显示网络连接状态；CC2530 与 GPRS 模块的连接通过通用串行异步收发器（UART）接口，进而通过 GPRS 网络与远程控制中心建立通信。

CC2530 可以配备 TI 的一个标准兼容或专有的网络协议栈（RemoTI、Z-Stack 或 SimpliciTI）来简化开发。

（2）ZigBee 天线。

天线可采用 SMA 天线与倒 F 天线相结合的方式。其中 SMA 是 Sub-Miniature-A 的简称，全称应为 SMA 反极性公头，就是天线接头是内部有螺纹的，里面触点是针（无线设备一端是外部有螺纹，里面触点是管），这种接口的无线设备是最普及的；倒 F 天线的设计可采用 TI 公司公布的方案参考设计，该天线的最大增益为＋3.3dB，完全能够满足 CC2530 工作频段的要求。

（3）基于 ZigBee 与 GPRS 的通信网关。

GPRS 是目前广泛应用的通信技术，通过 GPRS 通信网络实现联网和信息交换，使得利用网络传输数据无须再组建专用的通信网络。GPRS 技术主要是基于 TCP 和 UDP 协议，它使得无线传感网络实现远程通信成为可能，也成为解决 ZigBee 无法进行远程通信问题的重要手段。基于 ZigBee 和 GPRS 的无线网关设计主要是搭建一条远程通信通道，将 ZigBee 收集的数据转换成 GPRS 的数据包传输到远程控制中心，实现数据的远程通信，完成 ZigBee 网络与 GPRS 网络的对接，从而实现对现场的监测和远程控制。

如图 4.12 所示，GPRS 通信模块组合在集中控制器上，集中控制器又包含了

ZigBee 协调器。每个无线传感网络只允许一个协调器，协调器用于收集整个 ZigBee 网络的数据，GPRS 模块搭载在集中控制器上，与 MCU 一起可构成 ZigBee 网络的网关，将数据通过 GPRS 网络传输到远程控制中心；反过来，远程控制中心通过 GPRS 网络发送的控制命令也可以经网关传送至 ZigBee 网络，实现对节点的控制。

网关中通过 GPRS 网络与远程控制中心通信的 GPRS 模块有 SIM300、GTM900C 等。如华为公司生产的 GTM900C，它是一款高度集成的三波段 GSM/GPRS 无线模块，为了开发便利，GTM900C 内嵌 AT 命令，提供丰富的语音和数据业务功能，是高速数据传输等各种应用的理想解决方案。GTM900C 通过 UART 接口与外部 MCU 进行串行通信，从而完成 GPRS 的无线发送和接收、基带处理、音频处理等功能。它的工作频段为 EGSM900/GSM1800 双频和 GT800 单频，并且内嵌 TCP/IP 协议模块。

GTM900C 通过 UART_RXD0 和 UART_TXD0 引脚与 CC2530 芯片的 UART 口相连，单片机初始化 GTM900C 模块并创建链路，发送信号和接收信号。具体 GTM900C 各引脚功能可查阅相关资料。

因为 GPRS 模块与 MCU 之间的串行通信是基于 AT 命令，通过单片机串行口给 GPRS 模块发送不同的 AT 命令，该模块接收到 AT 命令后执行相应的任务，进而实现 GPRS 通信。而 AT 命令是一串由以 AT 开头、CR 结尾的 ASCII 字符组成的，负责外部数据终端向 GPRS 模块提供外部请求，让该模块执行数据业务等控制。每当 AT 命令被执行后通过串行口向 MCU 返回相应的数据作为响应。

GPRS 通信模块 GTM900C 已经内嵌了 TCP/IP 协议，它通过 AT 命令执行与互联网之间合理流程的 TCP/IP 连接，就能实现与互联网的数据交互功能。

如果 ZigBee 网络与远程控制中心通过以太网进行通信，则集中控制器中的通信模块芯片可选用 Wiznet 公司生产的 W5100。该芯片功耗低，使用 3.3V 工作电压。W5100 支持硬件化的 TCP/IP 协议，如 TCP、UDP、ICMP、IGMP、IPv4 ARP、PPPoE；内嵌 10Base/100BaseTX 以太网物理层，支持极性自动变换；支持半双工和全双工模式通信；支持 4 个独立 Sockets 同时连接；数据传输速率可达 25Mbps，远程控制中心设备则使用电脑来进行配置，这里不再做详细介绍。

（4）电源管理模块。

集中控制器是整个 ZigBee 网络的核心，它不仅要接收来自节点的数据，还要将数据传送到远程控制中心服务器，便于分析和管理。一个 ZigBee 网络中集中控制器数量只有一个，位置固定且功耗较大，所以可采用电源供电和电池供电两种方式。正常情况下，稳定的 3.3V 输出电压是通过线性稳压器 AMS1117-3.3 来提供的。当遇停电，则由电池供电。TPS60210 芯片的功能是，当电池输入 $1.8\sim3.6V$ 电压时，稳压电荷泵产生 $(3.3\pm4\%)$ V 的输出电压，四个外部电容即可建立一个低通滤波 DC—DC 转换器。电源参考电路如图 4.17 所示。

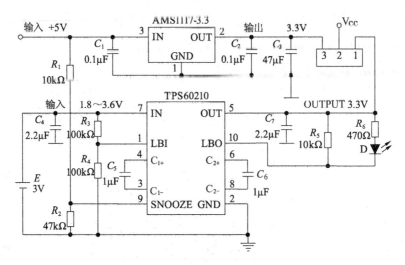

图 4.17　协调器电源电路

2. 单灯控制器

单灯控制器从功能上可以分为普通单灯控制器和智能单灯控制器两种,它们的硬件结构基本相同。

(1) 普通单灯控制器主要具有如下功能:

① 能实时监测 LED 灯具的运行状态,采集当前 LED 灯的电压、电流、频率、功率、温度、照度等参数,具有过压、过流、过热保护和防雷功能;并具有数据寄存、状态显示及工作异常情况报警功能;具有单独控制局部范围内路灯工作的能力,可设置控制参数。

② 每一盏路灯都应有自己的一个网络地址,通过 ZigBee 网络接收集中控制器(协调器)的命令,对 LED 照明灯进行远程控制;也能将现场采集的数据传送给协调器。需要时也可以通过键盘手动操作控制。

③ 具有软启动功能,可以降低路灯启动浪涌对 LED 电光源的冲击,提高 LED 灯的使用寿命;具有断电数据保持功能;具有电能测量、计量及分时段电能计量功能。

④ 通过 ZigBee 无线网络,单灯控制器与集中控制器之间的无线通信距离不小于 100m。

⑤ 有无功功率补偿功能,以提高灯具的功率因数,增加电能的使用效率;可以使用降功率节能技术,在保证实现节能照明的同时,不损害光源的使用寿命,对电网无污染,绿色环保。

(2) 主要硬件结构。

作为终端设备,单灯控制器由微处理器、ZigBee 通信单元及天线、功率放大器、传感器、A/D 转换模块和 LED 光源控制驱动电路组成,它与 LED 发光灯具组合在一起。单灯控制器可以实现信号的采集、检测和传递的任务。在单灯控制器中的微处理器，同样可以选用 CC2530 来担此重任。该处理器内置完善的 ZigBee 无线组网通信协议，它既可以接收由协调器通过 ZigBee 网络发出的控制信号，根据命令进行开关灯操作或产生所需要的 PWM 信号来调节 LED 灯的亮度；又能通过传感器采集当前电压、电流、频率、温度、光照度等信息，通过 ZigBee 网络反馈给协调器。

单灯控制器的硬件结构框图如图 4.18 所示。

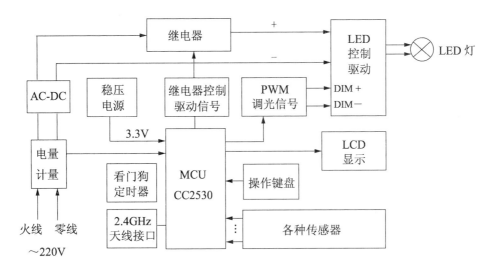

图 4.18　单灯控制器的硬件结构框图

由于 CC2530 包含了我们所需要的 ZigBee 无线通信单元、A/D 转换模块等大部分功能，所以在硬件方面只需要在 CC2530 构成的系统中加入 LED 驱动控制电路、各类传感器、继电器、电量计量器即可。另外，因为工作在野外，为了使用安全，还应考虑防雷技术。

（3）智能单灯控制器。

智能单灯控制器与普通单灯控制器在硬件上基本相同，它除了具有普通单灯控制器的功能以外，还拥有无线路由的功能，只需在通信软件上增加此功能的相关内容即可。因此，它既可以像普通单灯控制器那样接收由协调器或邻近智能单灯控制器发出的 ZigBee 信号，直接控制终端 LED 灯，还能通过路由选择，与相近的其他智能单灯控制器或普通单灯控制器进行通信，构成网状拓扑结构，以增加 ZigBee 无线网络的覆盖范围和可靠性。

4.4.2　LED 智能照明控制系统的软件结构

从图 4.12 的 LED 智能照明控制系统的硬件结构组成来看，可以把系统分为控制中心、集中控制器和单灯控制器三个部分。整个系统的工作由控制中心进行控制。控制中心处 PC 端（或手机端）通过 GPRS 发送指令给集中控制器，集中控制器收到指令后进行相应的操作，如采集数据和控制路灯，这些操作指令则由 ZigBee 模块发送给单灯控制器，由单灯控制器具体执行，同时将数据信息上传到集中控制器，由集中控制器再传给控制中心。

在上述过程中，集中控制器在 ZigBee 通信中作为协调器工作，而单灯控制器在 ZigBee 通信中作为路由器工作。

LED 智能照明控制系统的软件可以分为三部分：控制中心软件模块、集中控制器软件模块和单灯控制器软件模块。软件功能示意图如图 4.19 所示。

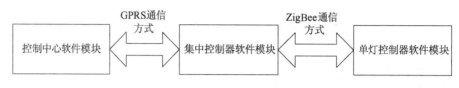

图 4.19　软件功能示意图

1. Z-stack 协议栈

Z-stack 协议栈是由 TI 公司在 2007 年 4 月推出的 ZigBee 无线通信协议，硬件结构中集中控制器和单灯控制器使用 ZigBee 芯片 CC2530，其软件中的通信使用 Z-stack 协议栈。Z-stack 协议栈是一种半开源式的 ZigBee 协议栈，就是将各个层定义的协议都集合在一起，以函数的形式实现，并给用户提供一些 API，供用户调用。协议栈体系分层结构与协议栈代码文件夹对应关系如表 4.6 所示。

表 4.6　协议栈体系分层结构与协议栈代码文件夹对应关系

协议栈体系分层架构	协议栈代码文件夹
物理层（PHY 层）	硬件层目录（HAL）
媒体访问控制层（MAC 层）	链路层目录（MAC 和 Zmac）
网络层（NWK 层）	网络层目录（NWK 层）
应用支持层（APS 层）	网络层目录（NWK）
应用程序框架（AF）	配置文件目录（Profile）和应用程序（sapi）
ZigBee 设备对象（ZDO）	设备对象目录（ZDO）

Z-stack 协议栈的架构如图 4.20 所示。

App：应用层目录，这是用户创建各种不同工程的区域，在这个目录中包含了应用层的内容和这个项目的主要内容，在协议栈里面一般是以操作系统的任务实现的。

HAL：硬件层目录，包含有与硬件相关的配置和驱动及操作函数。

MAC：MAC 层目录，包含了 MAC 层的参数配置文件及其 LIB 库的函数接口文件。

MT：监控调试层，主要用于调试目的，即实现通过串口调试各层，与各层进行直接交互。

NWK：网络层目录，含网络层配置参数文件、网络层库的函数接口文件及 APS 层库的函数接口文件。

OSAL：协议栈的操作系统。

Profile：AF 层目录，包含 AF 层处理函数文件。

Security：安全层目录，包含安全层处理函数接口文件，比如加密函数等。

Services：地址处理函数目录，包含地址模式的定义及地址处理函数。

Tools：工程配置目录，包括空间划分和与 Z-stack 相关的配置信息。

ZDO：ZDO 目录。

ZMac：MAC 层目录，包括 MAC 层参数配置及 MAC 层的 LIB 库函数回调处理函数。

ZMain：主函数目录，包括入口函数 main()及硬件配置文件。

图 4.20　Z-stack **协议栈架构**

Output：输出文件目录，用于存放编译好的二进制文件。

Z-stack 协议栈的运行采用轮转查询的调度方式。轮转查询将优先级放在最重要的位置，优先级高的任务中的所有事件都具有很高的级别，只有将此任务中所有事件处理完，才会去执行下一任务的查询。如果当前处理的任务中有两个以上的事件需要处理，处理完一件后，需转回查询任务优先级更高的事件，在没有更高级事件处理的情况下，处理优先级第二高的事件。

Z-stack 协议栈的 main 函数在 Zmain.c 中，Z-stack 协议栈的运行都是从 main 函数开始的，如图 4.21 所示，对系统进行初始化和开始执行操作系统实体。

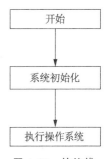

图 4.21　**协议栈主要流程图**

系统的初始化是为操作系统的运行做好准备工作，主要分为初始化所有系统时钟、检测电压是否正常、配置系统定时器、初始化 Flash、初始化堆栈等，系统初始化流程图如图 4.22 所示。初始化流程中每一步骤都有对应的函数，依次为 osal_int_disable(INTS_ALL)、HAL_BOARD_INIT()、zmain_vdd_check(、Initboard(OB_COLD)、HalDriverInit()、osal_nv_init()、zmain_ext_addr()、ZMacInit()、afInit()、osal_init_system()、osal_int_disable(INTS_ALL)、zmain_dev_info()和 osal_start_system()。当系统上电，会自动通过调用这些初始化函数进行初始化系统，在完成初始化后调用 osal_start_system()启动操作系统。

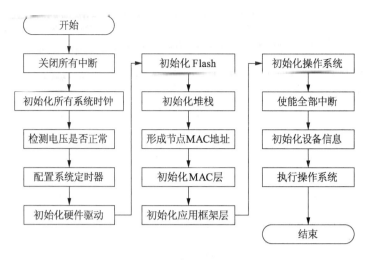

图4.22　系统初始化流程图

2. 单灯控制器软件设计

在整个系统中，单灯控制器具备四个需要实现的功能：采集数据信息（LED电源的电流，环境温度等）；加入网络；收发数据（数据信息的上传和控制指令的接收）；控制LED灯（亮度和开关）。单灯控制器在ZigBee网络中可以是终端节点，也可以是路由节点。在利用软件进行系统配置时可以将其配置为路由器，起到中继的作用，可以转发集中控制器的控制命令，拓展了网络规模。

单灯控制器软件工作流程如下：

（1）系统上电后进行初始化，将本控制器配置成为ZigBee路由器。

（2）运行操作系统，创建任务并分配相应的优先级。

（3）搜索无线网络，同时申请作为路由器加入网络，等待信号的同时，任务挂起，运行空任务。当收到信号时，则加入网络成功；反之，则继续申请加入网络。

（4）运行设备绑定的任务，等待指令，同时运行空任务。

（5）当控制器接收到协调器传递过来的控制指令，判断是否是对本控制器的控制指令，若为是，进一步对控制指令进行判断，若再为是，执行灯光调节指令，则输出不同占空比的PWM波形，通过LED驱动电路产生不同强度的电流信号对LED路灯进行驱动，改变其亮度控制器，若为否，则采集路灯数据信息，将数据信息上传；若为否，则转发控制指令给下一级的单灯控制器。

单灯控制器软件流程图如图4.23所示。

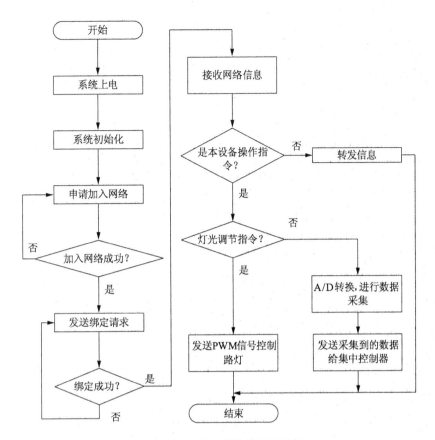

图 4.23　单灯控制器软件流程图

3. 集中控制器软件设计

根据系统的功能要求，集中控制器需要实现无线网络的建立、数据的无线接收和发送、与上位机之间的通信等功能。

如图 4.24 所示，根据集中控制器的功能，对集中控制器软件进行设计。

集中控制器软件工作流程如下：

（1）系统上电后进行设备初始化。

（2）系统通过串口发送 AT 指令对 GPRS 模块进行配置，建立与控制中心的网络连接。

（3）系统配置成为 ZigBee 协调器，以协调器的身份来运行操作系统。

（4）创建任务并分配优先级。

（5）系统将建立网络的任务分配为较高优先级，执行之后任务就被挂起。

（6）无线网络建立完成之后，会对无线网络覆盖区域内的设备进行扫描。

当有路由器设备（单灯控制器）申请加入网络时，分配 16 位网络地址给该路由器，该网络地址在网络中是唯一的，也作为数据传输时的源地址和目的地址。

（7）对路由器进行绑定。当发出绑定命令后，任务被挂起，等待路由器绑定成功。

（8）在将路由器绑定之后，协调器根据收到的 PC 端的指令，转发给相应的路由器。同时，协调器将路由器发送过来的数据信息通过串口以 AT 指令的方式传输到 PC 端（手机端）。

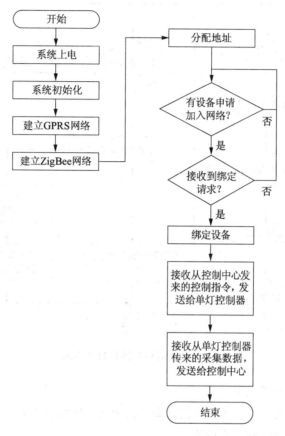

图 4.24　集中控制器软件流程图

4. 控制中心软件设计

控制中心软件是 LED 照明网络控制系统的重要组成部分。

作为远程控制中心设备的手机（也可以连接计算机），使用监控管理软件通过 GPRS 网络对集中控制器运行状况进行控制，对每个单灯的运行状态实时监控，并可以发送命令来控制路灯的开关和调光，还能对系统中的一些运行状况生成报表，便于研究和分析。

根据系统的功能需求分析，控制中心软件主要实现用户信息管理、系统控制管理、系统监测管理、数据库管理等功能。控制中心通过集中控制器获取整个网络的数据信息，以图形化方式直观地显示整个系统的状态；控制中心还能够实现对于整个系统的远程监控和管理。控制中心软件的基本工作流程如图 4.25 所示。

控制中心具体有如下功能。

（1）用户信息管理。该功能主要用于监控系统的身份认证。鉴于系统的安全性需求及系统用户的分类，系统中不同用户类型的权限是不同的。用户主要分为系统管理员和普通用户，系统管理员权限最高，可以对系统进行任何操作；普通用户只能对系统进行简单的控制。每一种身份登录需要账号名和密码验证。

（2）系统控制管理。系统控制是对 LED 灯的远程控制。根据需求，系统可以对路灯进行集体控制，还可以对单个路灯进行控制。

（3）系统监测管理。显示 LED 灯当前运行状态，包括电源电压、电流、工作温度等。

（4）数据库管理。所有 LED 灯数据信息存储在数据库中，可以查询历史信息。

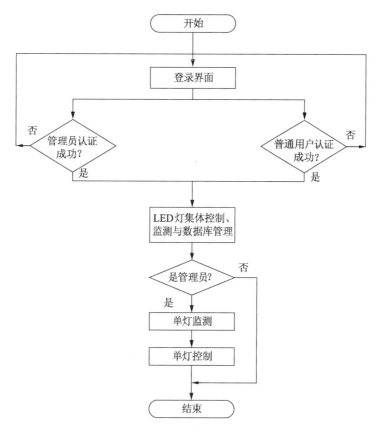

图 4.25　控制中心软件的基本工作流程图

4.5　本章小结

本章给出了 LED 电光源的网络控制的基本概念，详细介绍了采用 ZigBee 技术进行组网的 LED 电光源网络的拓扑结构及通信协议，给出了一个典型的 LED 智能照明控制系统的设计过程，包括系统的硬件设计及软件设计。系统中的单灯控制器都是 ZigBee 网络的组成部分，接受集中控制器的协调；而集中控制器通过 GPRS 网络与控制中心建立联系，叫远程对系统中的单个 LED 灯进行控制与监测，实现了控制的智能化。

LED 电光源的网络控制还有很多其他方法。尤其在远程控制部分，GPRS 网络可以很容易被 4G、5G 网络所替代。随着无线通信技术的发展，通过网络，智能照明的控制手段从简单的物理量调整向适合于人体舒适光环境调整转变，而其控制策略及传感反馈信息都有进一步拓展的空间。

第5章　　LED 显示屏及驱动电路

　　LED 显示屏是利用发光二极管（LED）作为发光体制作的平板显示器，具有光电转换效率高、驱动电压低、易于与计算机接口以及使用寿命长等特性。由 LED 构成的显示屏尺寸大小可以按实际需要进行扩展，可以方便地设计成适合不同应用的平板显示器。

　　一般而言，LED 显示屏是由分立的 LED 灯珠或者由标准化的 LED 模块根据实际所需的尺寸拼装排列成一个矩阵或其他所需要的基础显示形状，再配以专用的显示驱动电路、直流稳压电源、框架及外装饰等。其显示内容或显示方式可由软件控制，具有较大的灵活性与适应性。LED 显示屏的安装可采用贴墙、屋顶、吊挂、镶墙、落地等方式。正是由于 LED 显示屏具有寿命长、组合灵活、发光效率高、色彩绚丽以及良好的室内外环境适应性等优势，它们被广泛应用于交通、广告、新闻、体育、金融、舞台及证券等领域。

　　本章将讨论与 LED 显示屏相关的基础知识与驱动技术。

5.1　　与 LED 显示屏相关的一些基本概念与术语

　　与所有显示屏或显示器件一样，描述、评价或选择 LED 显示屏需要用到一些基本的概念与术语。本节将向读者简要说明这样的概念或术语，以帮助读者更好地理解本章及其他章节中的内容。

　　设计或应用一个显示屏时，人们关心的主要问题是：屏幕的几何尺寸是多大？分辨率有多高？是彩色的还是单色的？若是彩色的，有多少种颜色？若是单色的，是什么颜色？显示屏的亮度是多少？显示均匀吗？要给出准确严谨的回答，须明白它们在技术上的确切含义。

1. LED 显示屏的几何结构、像素及空间分辨率

　　LED 显示屏最常用的几何结构是阵列形式，即把许多个发光单元（称为像素，pixel）规则地排列成行列结构。

像素是 LED 屏中最小的发光单元，可以把它理解为屏幕上的一个发光点。LED 屏的像素并不一定是单个 LED，它也可以是由多个 LED 构成的发光单元。一般来说，单色小型 LED 屏的像素由单个 LED 构成，彩色屏上的像素通常由红、绿、蓝多个 LED 复合构成，大型 LED 屏中即便是单色像素，也可能是由很多个 LED 合成的。

屏幕的尺寸是指屏幕的物理大小，通常人们关切的是发光部分的尺寸，即可视区域的大小。屏幕中包含许许多多像素，屏幕的像素密度即分辨率。准确地说，这个分辨率称为 LED 的空间分辨率，与之相对的还有后面讨论的亮度分辨率。

空间分辨率可以有两种表述：① 屏幕水平与垂直方向的像素总数量；② 水平与垂直方向单位长度上的像素数量。像素数量总数是指水平方向上共有多少个像素构成一行，垂直方向上有多少个这样的行构成完整的一个图像帧。例如，640×480 意味着你所见到的这个 LED 屏幕水平方向有 640 个像素构成一个显示行，这样的显示行在垂直方向上则总共分布了 480 行。然而这样的表述并不能完全反映显示屏的显示效果，显示效果还取决于屏幕的尺寸。比方说，如果 640×480 的显示屏大小是 3.2m×2.4m，可以计算出像素大小为 5mm×5mm，在几米开外观看的显示效果比较细腻；若把它做成 32m×24m 的大屏幕，若非在很远的距离来观看，显示效果会显得较粗糙。因此，说到 LED 屏的分辨率还可以使用水平与垂直两个方向单位长度所包含的像素个数表示，如水平方向200dpm，即 200 像素点/米。需要指出的是，常用于计算机或手机屏的分辨率指标 dpi（像素/英寸）不适合于 LED 屏，因为 LED 屏的几何尺寸通常会比计算机屏大得多，相应的像素尺寸也会大出许多倍，甚至很多时候 1 英寸还没有一个像素。从以上的讨论可以看出，确定 LED 屏的分辨率要从屏幕的观看距离、屏幕大小、显示的细腻程度等方面综合考虑。理论上讲，两个方向上单位长度所包含的像素点越多，显示效果越好，但分辨率的提高会导致屏幕总的像素数量以平方关系增加，成本也以相同的方式急剧升高。

2. 可见光谱与色彩

LED 是发光器件，最早的 LED 仅能发出红光，现在的 LED 不仅能发出红、绿、蓝色光，还能组合出各种色彩，包括用于照明的白光，甚至能发出看不见的红外线或紫外线等。用 LED 构成显示屏则要求它们发出的是能为人眼所感知的可见光。

光是电磁波，电磁波范围很宽，能为人眼感知的电磁波即可见光，其范围相当有限，可见光谱可以用波长或频率范围来表示。用波长表示的可见光光谱范围大概为 390（紫色）～700nm（红色），这就是日常生活中所说的赤、橙、黄、绿、青、蓝、紫七彩。这个范围还可以根据以下公式转换成对应的电磁波频率：

$$c = f\lambda$$

其中，$c=300\,000$km/s，λ 是某种颜色的波长，f 是该颜色对应的电磁波频率。由上式可得出可见光谱的光波频率范围为 430（红色）～770THz（紫色）。收音机的调频台是 104.8MHz，手机 CPU 主频是 1.2GHz，由此可知，光作为电磁波，其频率是很高的。LED 屏能向外辐射出这样的电磁波，使我们能看到它们呈现的缤纷色彩。

3. 亮度与发光强度

LED 显示屏应用中最重要的事情之一是要控制它每个像素的发光强度，本小节将厘清有关亮度的概念与表达方式。

LED 显示屏本质上是发光体，发光体向外辐射的是能量，这种能量以光子的形态出现。我们希望这样发出的光足够亮，以便我们能看清楚所显示的内容。光足够亮到底是多亮？要把这个问题解释清楚，我们需要稍微拓展一下。这里会涉及发光体的多个概念：辐射功率、发光强度、光通量、相对视率以及亮度。

发光体发光时向外辐射能量，能量的单位是焦耳（J），焦耳是国际单位（SI）制中的一个导出单位；单位时间内发出的能量称为辐射功率，功率的单位是瓦特（W），1W 是指每秒辐射出 1J 的能量。在照明与显示学科中，通常把辐射功率称为辐射通量。直观的理解是 LED 屏或任何别的发光体的辐射通量愈大，它就应该愈亮。但是这个结论并不完全正确，还需要考虑另外两个因素。第一个因素是需要理解这个辐射通量是指整个 LED 屏幕的辐射功率还是其在单位面积上所发出的功率。显然，如果给出的只是全屏的辐射功率，看到的实际亮度会随着屏幕尺寸的大小急剧变化，从视觉效果看它几乎没有任何意义。因此，应该使用单位面积的辐射功率即功率密度才是比较恰当的。第二个因素是关于人眼对于光的感知特性，即使你看到的是辐射通量完全相同的两个点光源，其中一个是红光，另一个是绿光，人的感知通常会觉得绿光比红光显得亮，原因在于人类眼睛作为一个光传感器，对于不同波长（不同颜色）的光的响应灵敏度是不同的。上述视觉灵敏度关系可以用光视效率函数来描述。光视效率函数亦称为视见函数 $V(\lambda)$，国际照明委员会（CIE）推荐的光视效率曲线如图 5.1 所示。这是一个相对函数，响应最大值为 1，它包含亮视觉与暗视觉两条曲线，分别代表明视觉条件下（适合亮度大于几个坎德拉每平方米）及暗视觉条件下（适合亮度小于 $0.01\mathrm{cd/m^2}$）人眼的响应特性。CIE 给出的亮视觉的峰值波长 $\lambda_{m亮} \approx 555\mathrm{nm}$，暗视觉的峰值波长 $\lambda_{m暗} \approx 505\mathrm{nm}$，它们都位于绿光范围。

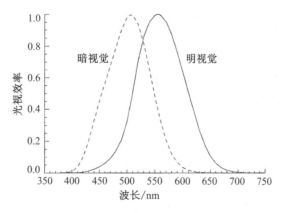

图 5.1　CIE 推荐的光视效率曲线

借助于光视效率函数 $V(\lambda)$，通过将辐射通量做加权处理，得到一个能更好地反映视觉感知明暗程度的光通量（luminous flux），它可以由辐射通量转换而来，单位是流明（lm），光通量通常用符号 Φ 表示，而辐射通量则用 Φ_e 表示。光通量、辐射通量及光视效率函数之间的关系为

$$\Phi = K_m \int \left[V(\lambda) \frac{d\Phi_e(\lambda)}{d\lambda} \right] d\lambda$$

式中，K_m 是当波长取光视效率函数极大值时的最大光谱光视效能值，其量纲为 lm/W。在 CIE 标准中，亮视觉曲线对应的 $K_m = 683.002 \, lm/W$，而暗视觉曲线对应的 $K_m = 1754 \, lm/W$；实际应用的发光体发出的光除非是理想的激光，一般都有一个光谱分布，这就是为什么上式中是用辐射能量关于波长的分布密度函数即 $\dfrac{d\Phi_e(\lambda)}{d\lambda}$ 来表示，从而能得到任意分布的辐射通量向光通量的转换值了。对于单波长纯光，转换过程就不用做上式这样的微分与积分，只要做代数运算即可。例如，根据 CIE 的标准，如果是波长为 555nm 的绿光，它所对应的光通量 $\Phi = 683.002 \, lm$；如果是同为 1W 的辐射通量，而波长是 635nm 的红光，由于该红光的 $V(635) = 0.242$，于是可以求出光通量仅约 $154.4 \, lm$，不足前面绿光的 $\dfrac{1}{4}$。

有了上述准备后，就可以说明 LED 显示屏及其他发光体的亮度与发光强度技术指标了，它们二者是互相关联的。如图 5.2 所示为一个点亮的蜡烛，它向四周都辐射通量，但并非绝对均匀，如"灯下黑"的部分。这支点亮的蜡烛告诉我们至少两件事：它发出的总的光通量或辐射通量应该是基本不变的；另外，它发出的光通量与空间分布有关。事实上，前一个属性正是人们早期用来作为衡量发光体亮度的，即相当于几支蜡烛的光通量。后一个属性则提示我们在研究发光体亮度的时候应该考虑到它的空间位置与范围。

图 5.2　烛光

亮度定义为单位面积的发光体在指定方向每单位实体角（sr）上的光通量，用符号 L 表示，单位为 $lm \cdot sr^{-1} \cdot m^{-2}$。如果不计发光体面积，仅考虑它在单位实体角上发出的光通量，则称之为发光强度，用符号 I 表示，单位为坎德拉（cd），它是国际单位制中的七个基本单位之一，用来表征光源发出的光的强度。显然，一个面积为 A、发光强度为 I 的光源，其亮度为

$$L = \frac{I}{A}$$

于是可以给亮度一个新的描述，即单位面积的发光强度，其单位是坎德拉/平方米，即 cd/m^2。

这里有些概念需要明确一下。从上可知，亮度与空间方向有关，从左右两边观看蜡烛，可能"亮度"差不多；但从上下两个方向观看蜡烛，就会发现明显差别。理想的点光源可认为在每个方向上光通量呈均匀分布。亮度定义中用到所谓实体角（steradian），也称为球面度（sr），是国际单位制中对球的实体角的一个度量。设球的半径为 r，则球面上表面积为 r^2 所对应的以圆心为顶点的圆锥对角被定义为 1sr。由于球面的总面积为 $4\pi r^2$，因此一个球共有 4πsr，即 12.566 4sr。显然，球面度与球的半径无关。如果球的半径为 1m，则 1sr 在其球面上切割出正好 1m^2 的表面积。表 5.1 所列的是常见发光体的亮度数据。

表 5.1　常见发光体的亮度数据

光源	亮度（$\text{cd/m}^2 = \text{lm} \cdot \text{sr}^{-1} \cdot \text{m}^{-2}$）
太阳，地表天顶方向	1×10^9
60W 磨砂灯泡	1×10^5
阳光照射的雪地表面	1×10^4
全月	6×10^3
避开太阳的晴空	3×10^3
阴天，天顶方向	1×10^3
黎明时的天空	3
月夜晴空	3×10^{-2}
无月阴天的天空	3×10^{-5}

5.2　LED 显示屏的分类

LED 显示屏可以根据在应用中需要满足的不同要求或其所具有的一些特征加以分类，常用的分类方式有按安装环境分类、按颜色分类、按功能分类和按形状分类等。

1. 按安装环境分类

LED 显示屏根据安装环境不同可以分为室内 LED 显示屏、户外 LED 显示屏以及半户外 LED 显示屏。室内 LED 显示屏的面积一般从不到 1m^2 到十几平方米，像素密度较高，在非阳光直射或灯光照明环境使用，观看距离在几米以外，屏体不具备密封防水能力；户外 LED 显示屏的面积一般从几平方米到几十甚至上百平方米，点密度较稀（多为 1 000～4 000 点/m^2），发光亮度为 3 000～6 000cd/ m^2（朝向不同，亮度要求不同），可在阳光直射条件下使用，观看距离在几十米以外，屏体具有良好的防风抗雨及防雷能力；半户外 LED 显示屏介于户外及室内两者之间，具有较高的发光亮度，可在非阳光直射户外使用，且屏体需要采取一定的密封措施。

2. 按颜色分类

LED 显示屏按照颜色可分为单色屏、双基色屏以及三基色屏。单色屏是指显示屏只有一种颜色的发光材料，多为单红色；双基色屏通常由红色和黄绿色发光材料构成；二基色屏又叫分为全彩色（full color）和真彩色（nature color）两种，全彩色由红色、黄绿色（波长 570nm）、蓝色构成，真彩色则由红色、纯绿色（波长 525nm）、蓝色构成。

3. 按功能分类

LED 显示屏按功能可分为条屏、图文屏以及视屏。

条屏顾名思义是显示一条或若干条信息的屏幕，只显示文字，且文字字体大，富有动感，广泛用于排队系统、报站系统，亦可用于宣传优惠、促销信息的场合。显示屏可用遥控器输入，也可以与计算机联机使用，通过计算机发送信息。

图文屏可以显示文字和图形，它通过与计算机通信输入信息，一般无灰度控制。与条屏相比，图文屏的 LED 点阵规模更大，显示的字体字形丰富，并可显示图形。

视屏主要用于显示图像信息，其屏幕像素点与控制计算机监视器的像素点为一一对应的映射关系，可以显示静态的灰度图片，也可以显示静态的彩色图片，在配置大容量的存储卡后，视屏可以播放视频信号。视屏开放性好，对操作系统和播放软件没有限制，能实时反映计算机监视器的显示内容。

4. 按形状分类

LED 显示屏按形状可以分成矩形屏与异形屏。事实上，不同的应用场合存在任意形状或形态的 LED 屏。尽管 LED 显示屏特别是视屏通常呈矩形，但在一些特定应用中所使用的 LED 屏形状会根据实际需要设计成各种异形屏。不仅如此，像素点的概念同样需要加以扩展，不能只局限于视屏的规则排列且具有相同的大小和形状。图 5.3 给出的例子就是屏幕与像素异形的 LED 屏。

图 5.3　异形屏

5.3　LED 显示屏的组成、质量评价

本节对常见的 LED 显示屏的组成和质量评价做一简单介绍。

5.3.1　LED 显示屏的组成

如图 5.4 所示的完整屏幕，将其放大后是一个巨大的 LED 点阵，而其中的每一个点即为像素，若干个像素按照一定的排列组合在一起，被称为显示模块；显示模块结合驱动电路构成具有显示功能的独立单元，被称为显示模组，又被称为单元板；多个这样的单元板可以组成一个指定规格的 LED 显示屏。如果显示屏安装在室外，还需要将单元板置于防水的机箱中，然后进行拼装。

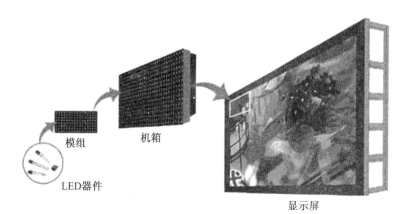

图 5.4　LED 显示屏的组成

如前所述，像素是 LED 显示屏的最小成像单元，由一个或多个 LED 灯珠构成。如图 5.5 所示，1 个显示像素点是由 2 红、2 绿共计 4 个 LED 管组成的。如果一个像素是由单一颜色的 LED 灯珠组成，那么该显示屏为单色的；如果显示像素点由多个不同颜色的 LED 灯珠组成，则该显示屏为彩色屏。

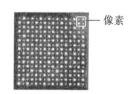

图 5.5　LED 显示屏中的像素

显示模块是由若干个显示像素组成的、结构上独立的 LED 显示单元，它们可以单独使用，更多是用于构成大型屏幕。图 5.6（a）所示为室内屏使用的 8×8 显示模块，图 5.6（b）所示为室外屏使用的 16×16 显示模块。

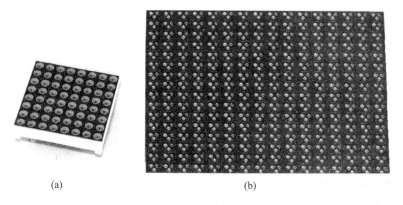

(a)　　　　　　　　　　　　　(b)

图 5.6　LED 显示屏中的显示模块

为便于组装和显示，市售的半成品 LED 显示屏通常是以上述显示模组形式提供的，用户把这样的多个显示模组及显示控制卡进行恰当的组装，可得到最终的 LED 显示屏产品。

5.3.2 LED 显示屏的技术参数

除了前面提到的显示屏的屏幕分辨率外，还有一些其他参数如显示比例、亮度及均匀度等对显示质量会有直接影响。

1. 屏幕比例

LED 显示屏的屏幕比例一般是指屏幕的长宽比例。对于图文屏而言，根据显示内容而定；对于视屏而言，如果只播放视频，常用的比例是 4：3 和 16：9；如果还需要显示文字信息，可以适当地把比例放宽一些。

2. 屏幕灰度

屏幕灰度是指像素发光明暗变化的程度。我们知道，各种颜色都是由三基色组成的，每种基色具有的亮度等级称为灰度级，灰度级越高，色彩再现越逼真。

灰度的改变通过控制 LED 管的电流的占空比来实现。

3. 屏幕亮度

关于发光体的亮度，之前已经做了比较详细的说明，类似地，屏幕的亮度是指在给定方向上每单位面积的发光强度，单位是 cd/m^2。屏幕亮度与单位面积的 LED 数量、LED 本身的亮度成正比。LED 的亮度与其驱动电流成正比，但寿命与其电流的平方成反比，所以不能为了追求亮度过分地提高驱动电流。以下是参考屏幕亮度：室内，$>1\,000cd/m^2$；（2）半户外，$>2\,000cd/m^2$；户外，$>4\,000cd/m^2$（坐南朝北），$>7\,000cd/m^2$（坐北朝南）。

4. 屏幕均匀性

屏幕均匀性是指白平衡时最暗像素点的亮度与白平衡时最亮像素点的亮度的比值，用于衡量像素之间的亮度差。白平衡指白色的平衡，是描述显示器中红、绿、蓝三基色混合生成后白色精确度的一项指标。在调节 LED 显示屏白平衡时，红、绿、蓝三色亮度配比方面如果是简单红、绿、蓝，一般设置亮度比为 3：6：1；如果是精确红、绿、蓝，一般设置亮度比为 3.0：5.9：1.1。

5.3.3 LED 显示屏的技术指标

判断一个 LED 显示屏的质量，可以用以下几方面指标评价。

1. 平整度

显示屏的表面平整度要在 ±1mm 以内，以保证显示图像不发生扭曲，局部凸起或凹进会导致显示屏的可视角度出现死角。平整度的好坏主要由生产工艺决定。

2. 亮度及可视角度

室内全彩屏的亮度要在 $800cd/m^2$ 以上，室外全彩屏的亮度要在 $1\,500cd/m^2$ 以上，才能保证显示屏的正常工作，否则会因为亮度太低而看不清所显示的图像。亮度的大小主要由 LED 管芯的品质决定。

可视角度的大小直接决定了显示屏受众的多少，故而越大越好。可视角度的大小主要由管芯的封装方式来决定。

3. 白平衡效果

白平衡效果是显示屏最重要的指标之一，体现了 LED 显示屏的屏幕均匀性。如果三基色的实际比例偏离理论比例，则会出现白平衡的偏差。一般要注意白色是否有偏蓝色、偏黄绿色现象。白平衡的好坏主要由显示屏的控制系统来决定，管芯对色彩的还原性也有影响。

4. 色彩的还原性

色彩的还原性是指显示屏对色彩的还原性，既显示屏显示的色彩要与播放源的色彩保持高度一致，这样才能保证图像的真实感。这是一项主观评价指标。

5. 有无马赛克、死点现象

马赛克是指显示屏上出现的常亮或常黑的小四方块，即模组坏死现象，其主要原因是显示屏所采用的接插件质量不过关。死点是指显示屏上出现的常亮或常黑的单个点，死点的多少主要由管芯的好坏来决定。

6. 有无色块

色块是指相邻模组之间存在较明显的色差。颜色的过渡以模块为单位，色块现象主要由控制系统较差、灰度等级不高、扫描频率较低造成。

7. 显示方式

LED 显示屏的显示方式有两种：一种是异步方式显示，显示屏通过串口线与计算机连接，进行显示文字的更改，之后可以脱开计算机工作；另一种为同步方式显示，显示屏系统始终需要联机工作，将计算机上的图像文字显示在 LED 大屏幕上。

异步屏通常由显示单元板（模组）、条屏卡、开关电源、HUB 板（可选）组成，条屏卡和计算机之间通过串口线与计算机连接。

同步屏系统比较复杂，系统可大可小，一般由计算机、DVI 显卡、数据发送卡、同步数据接收卡、HUB 板、网线、LED 显示屏等组成。显示屏上内容和计算机播放内容保持一致，这就需要屏幕系统与计算机保持实时通信，即同步。

5.4　LED 显示屏的驱动原理

从 5.3.1 节可知，LED 显示屏通常由 LED 显示模块拼装而成。显示屏的功能是不断动态地显示图像帧——整幅图像。所显示的图像在不断刷新中，每秒刷新的帧数称为刷新频率，这与计算机显示屏或电视屏幕的工作过程相同。只要刷新频率足够高，利用人眼视觉滞留属性，观众就能看到稳定的图像或视频。高的刷新频率就意味着大的数据量，实时视频的传输数据量通常是很大的。若刷新频率不够高，则在显示动态变化的内容时，图像会闪烁。由于屏幕是由模块构成的，因此，每一帧图像事实上将被分割成每个模组对应位置上所要显示的内容，并在该模组上显示。如果把每个模块理解成构成原始 LED 大屏上的一个个小屏，它们所要显示的内容也可称为模块帧。全部模块帧合成图像帧。所以，只要每个模组各司其职，同步显示各自模块帧内容，就能实现图像帧的完美呈现。更进一步地，各模块又是由 LED 像素所组成的，因此该模组上所要显示的内容又分解成了每个像素点上所要显示的内容。一个像素上需要显示的是什么呢？如果是单色屏，只要显示亮/灭状态；如果是彩色屏，则要精确控制红、绿、蓝混色以产生恰当的色调与亮度。可见，LED 显示屏的显示控制过程是由三个过程实现的：屏幕帧、模块帧及像素数据。

在实际应用中，模块中会带有显示控制器，称为显示驱动。显示驱动通常包含某种类型的智能器件，如单片机或 PLC 等，它将接收上层控制系统以期望的刷新速率发送来的显示内容，根据显示内容控制每个像素上 LED 的亮度。关于 LED 显示屏的驱动，下一章将详细讨论。这里给出具体的例子来说明模块是如何显示内容的。

如图 5.7 所示，若要在 16×16 单色显示屏（模块）上显示"我"这个汉字，只需要将对应位置的 LED 灯珠点亮，对于字符显示，每个字符对应的亮灭模式称为字模，于是每个字都会有字模，汉字"我"的字模编码为 {0x0440，0x0E50，0x7848，0x0848，0x0840，0xFFFE，0x0840，0x0844，0x0A44，0x0C48，0x1830，0x6822，0x0852，0x088A，0x2B06，0x1002}。这里，编码采用 16 进制，显示按照由上而下的顺序进行，翻译为二进制后，编码为"1"处

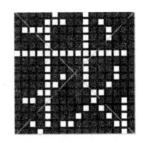

图 5.7　LED 显示模块的字符显示

的灯珠被点亮，为"0"处的灯珠熄灭。当该显示模块接收到上层（屏幕控制系统）发来的内容，要求显示这些数据所代表的图像模式，显示驱动就能解释这些数据，并点亮或熄灭对应的像素点上的 LED 灯珠，呈现出图示的效果。

具体到每一个灯珠的点亮过程，又是如何实现的呢？我们来看看这其中的机理。为了绘图方便，这里用 8×8 的单色显示屏来说明一下模块中 LED 阵列是如何排列及怎样才能点亮或熄灭其中任何一个像素的。其他包含更多像素的模块的工作原理完全相同。图 5.8 所示的是 8×8 点阵 LED 显示模块的典型结构，可以看出 64 个像素被分成了 8 行，每行包含 8 个像素，每像素 1 个 LED，为了简洁起见，图中用普通二极管的符号代替了。它们的阳极被连接在一起构成行线，像这种把一行像素的阳极连接在一起的结构，称为共阳结构；反之，若把阴极连在一起的结构，则称为共阴结构。

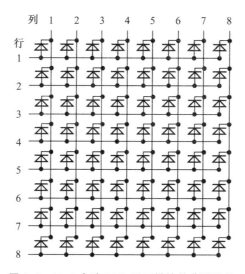

图 5.8　8×8 **点阵 LED 显示模块的典型结构**

从图中不难发现，如果我们要求只点亮（4，5）上的一个像素（即位于第 4 行第 5 列上的像素），只要在第 4 行上加高电平，而在第 5 列线上加低电平，其他行不加电或其他列不接地即可。当然，根据之前关于 LED 发光的讨论，还需要控制一下流过的电流。看上去似乎不错。但是若要求同时点亮（2，3）与（4，5），其他熄灭，又会是什么情形呢？若在行 2 与行 4 上加高电平，在列 3 与列 5 上加低电平，所得的结果并非我们想要的，被点亮的不只是（2，3）与（4，5），还有（2，5）与（4，3）。这就涉及 LED 屏的扫描问题。

5.5　LED 显示屏的扫描方式

上一小节的讨论似乎遇到了一些困难，好像无法随意地控制任意一个像素的亮与灭。图 5.9 所示的结构是由图 5.8 的结构改变而来的，通过把图 5.8 中的 8 个行从第 1 行到第 8 行首尾相连串接在一起，形成一长行，共 64 列。此时，只要行线上（只有 1 行）加上高电平，想要点亮哪个像素，把对应的列位上的电平拉成低电平，位于该列线上的 LED 就会被点亮。例如，上一小节中曾要求同时点亮图 5.8 中的（2，3）与（4，5）位置上的灯，当前所要做的是把 11 与 29 列线上的电平拉到低电平。这里我们遇到的是 LED 屏显示控制上的两种扫描方式，即图 5.8 所示的动态扫描及图 5.9 所示的静态扫描。读者可能注意到了，同样是 64 个像素，静态扫描需要 65 条引线，而动态扫描仅需 16 条引线，动态扫描的结构成本相对会比较低一些。

与 LED 扫描相关联的一个概念是关于扫描内容，即所谓实像素与虚拟像素。接下来对扫描方式与扫描内容做简单的介绍。关于 LED 屏扫描的实现技术是显示屏驱动的核心内容，详细的讨论在 5.6 节进行。

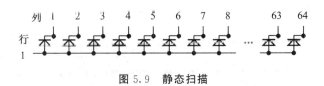

图 5.9　静态扫描

1. 静态扫描和动态扫描

如果驱动电路每次点亮屏上所有的 LED 灯组成的像素点，从驱动控制电路的输出脚到像素点之间实行"点对点"的控制，叫作静态扫描。静态扫描方式不需要行控制电路，引线很多，成本较高，但显示效果好、稳定性好、亮度损失较小等。

从驱动控制电路的输出脚到像素点之间实行"点对列"的控制，叫作动态扫描。简单来讲，就是根据显示内容进行字模编码后，将编码值送到列输出上，再根据行控制电路，控制对应行上的灯珠点亮。还是以图 5.8 所示的 8×8 点阵的 LED 显示模块为例来说明，在任何一个时刻，只有其中的 1 行被点亮，通常会以很快的速率依次点亮每一行，即依次以很快的速度分别在 1~8 行线上加高电平，每当任意的一行行线上加高电平，对应于该行的 8 个像素根据是否需要点亮把相应的列线拉低，该行的像素就显示出来了。所以，整个过程是一次显示一行，快速切换。一般每一行的显示时间大约为 1~2ms，整个模块的显示时间不大于 16ms，帧刷新频率超过 60Hz。由于人眼视觉滞留现象，所看到的将是完整的 8 行图像在模块上同时显示。显示中若每一行显示的时间太短，则亮度不够；若显示的时间太长，将会感觉到闪烁。对于 8×8 显示模块而言，将 8 行显示一遍称为一个显示刷新周期，无论 LED 显示屏的大小如何，一个显示刷新周期必须在 20ms 以内完成，否则会出现闪烁。

LED 显示屏的扫描方式一般有 1/2 扫描、1/4 扫描、1/8 扫描和 1/16 扫描。如果 LED 显示屏是逐行刷新显示的，扫描方式也就决定了显示刷新的方式，如 1/16 就是每次刷新 1 行，16 行为一个扫描周期；1/8 扫描就是每次刷新 1 行，8 行为一个扫描周期；其他依次类推。

如果采用相同的 LED 灯，1/16 扫描的亮度要比 1/8 扫描低，静态扫描（1/1）的亮度是最高的。室内单双色一般为 1/16 扫描，室内全彩一般为 1/8 扫描，户外单双色一般为 1/4 扫描，户外全彩一般为静态扫描。

2. 实像素与虚拟像素

对于 LED 显示屏，通常由于尺寸较大，像素点间距离较大，屏幕分辨率用像素点之间的点距来描述更方便，用 Px 表示，这里 x 为阿拉伯数字，指两个像素点之间的距离为 $x$mm，如 P6、P7.62、P8、P10、P12、P16、P20 等。单位面积上的像素越多，显示越清晰。

显示屏上每一个像素可以由实像素方式组成，也可以由虚拟像素方式组成。简单来说，实像素就是指构成显示屏上的每一个像素由一组红、绿、蓝 LED 灯珠决定，以获得足够的亮度；虚拟像素是利用软件算法控制每种颜色的 LED 灯珠，参与到相邻像素的成像当中，使得用同样的灯珠数实现更大的分辨率，使显示的分辨率提高到实像素模式的近四倍。

以常用形式为 2R＋1G＋1B（2 红 1 绿 1 蓝）的动态虚拟像素显示为例，将一个像素拆分为四个彼此独立的 LED 单元，那么实点与虚拟点的换算关系为：$M=2N-1$，式中，M 为虚拟点，N 为实点。例如，当实点像素为 3×5 点阵时，虚拟像素为 5×9 点阵。如果 n 是行 LED 灯珠数、m 是列 LED 灯珠数，那么实像素显示的像素点是 $n\times m$，虚拟像素显示的像素点是 $(2n-1)\times(2m-1)$，这样当 m 和 n 足够大时，就约等于 $2n\times2m$，也就是 $4mn$，所以是实像素的 4 倍，即整体虚拟像素大屏的显示效果是实像素的 4 倍。

综上所述，每一 LED 单元以时分复用的方式再现四个相邻像素的对应基色信息，一般情况下，各 LED 相互之间为等间距均匀分布，虚拟像素的密度提高到 4 倍，有效视觉像素密度最大可提高 4 倍；但由于各 LED 之间采用等间距均匀分布，与 LED 集中分布方式相比，在物理亮度相同的情况下，显示屏的视觉亮度较弱。由于对每一只 LED 采用了时分复用的方式，循环扫描相邻四像素的信息，因此在显示单笔画的文字时会出现字迹不清的现象。

5.6 LED 模组的驱动

除非是用作指示灯等简单应用，实际应用中 LED 显示屏都是由多个发光二极管组成的，这些 LED 可以按照一定顺序排成行列矩阵的形式，也可以按照实际需求摆成任意形状，LED 的个数会根据设计要求给定。通常把这样一组整体规则或不规则排列的 LED 称为 LED 显示模块。典型的例子有数码管，时钟显示模块，各种 8×8、16×16 及更大规模的点阵，以及各类专门用途的显示面板，等等。它们可以单独使用，也可以用作构建更大的显示屏的单元模块。

5.6.1 LED 数码管的驱动方案

常见的 LED 数码管由 8 个 LED 发光单元组成，如图 5.10（a）所示。由 A～G 加小数点 dp 共八个 LED 段构成，通过控制这八个段的亮灭，能分别显示出数字 0～9 及小数点以及其他一些字符，如十六进制的 A～F 等。把多个类似的数码管组合在一起，则可以显示多个字符，四字符、八字符甚至更多位的 LED 数码管都很常见。为了在一个字面上能显示更多的字形，有的 LED 数码管不是上述 8 字形，而设计成"米"字形的，但它们的驱动要求是一致的。LED 数码管本质上仅仅是集成了多个 LED 灯而已 [图 5.10（a）中是八个]，然而这些 LED 灯一般不是完全独立的，它们的阳极或阴极预先相连，构成了所谓的共阳极数码管或共阴极数码管，另一极则是分别用来控制某一段是否被点亮，如图 5.10（b）、（c）所示。设计驱动时，搞清数码管是共阳或共阴是重要的，共阳数码管的公共端（COM）必须接到高电平上，所有段（SEG）的阴极使用前一节中描述的驱动方法，控制它们恒流接地（点亮）或悬空、接高电平（熄灭），如图5.10（b）所示。当然最简单的办法是加限流电阻接地。反之，共阴数码管需要将所有LED的阴极接到一起形成公共阴极（COM）接地（低电平），每段发光二极管的阳极则使用上节描述的驱动电路恒流接到高电平（点亮）或悬空、接低电平（熄灭），如图5.10（c）所示。图5.10（b）或（c）中的恒流源 $I_A \sim I_{dp}$ 是否允许电流流过取决于需要显示的字符，期望多大的电流流过则依据亮度控制要求。于是，实用的驱动电路还需要译码及PWM驱动电路。它们可以用数字逻辑电路、可编辑逻辑器件、单片机以及专用驱动电路来实现。其中，由单片机单独实现的驱动方案或以单片机结合适当的专用驱动电路实现的驱动方案，对于小型应用，比较具有灵活性，且性价比较高，本章后面会给出具体的设计方案。

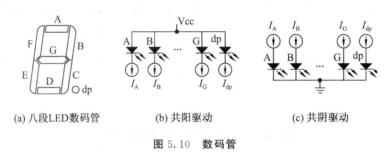

(a) 八段LED数码管　　　(b) 共阳驱动　　　(c) 共阴驱动

图 5.10　数码管

数码管的驱动方式可以分为静态式和动态式两类。静态驱动也称直流驱动，每个数码管的每一个段码都由一个单片机的I/O端口进行驱动，或者使用诸如BCD码的二/十进制译码器进行译码驱动。静态驱动的优点是编程简单，显示亮度高，缺点是占用I/O端口多。例如，驱动5个八段数码管显示5位数字，静态显示方式直接点亮每个LED需要40根控制线来驱动，控制线数量太多；采用BCD译码器的方式驱动，每片BCD译码器需要3根控制线，需要用到5片BCD译码器，共计15根控制线，控制线虽然少了，但增加了硬件电路的复杂性。一般而言，静态驱动只适用于总段数较少、显示方式简单的显示屏。

动态显示是应用最为广泛的一种显示驱动方式，不只是应用在数码管驱动上，还可以用到所有的LED屏的驱动上，其基本思想是：把要驱动的多个LED分成组，每一组根据共阳或共阴引出一个公共端COM，把所有组中众多同名的段SEG都连在一起，一般同一COM所关联的所有SEG称为一个字，有 n 个COM就有 n 个字，驱动过程依次点亮每个字的相应段，从而实现动态扫描。为了便于读者理解，用如图5.11所示的四个数字位的LED数码管作为例子来说明动态驱动的具体扫描过程。这里把每个数码管当成一个字，它们的共阳端取成COM，每字都有A～G、dp八个SEG。从图中可见，四个字的同名SEG都被连在一起，所以仅仅需要8个恒流驱动就可以了。假如想要显示的数字是"1234"，则四个字该点亮的段分别是"BC""AB-DEG""ABCDG""BCFG"。因这些SEG都是连在一起的，由于COM1～COM4的作用，它们在任一时刻只能有一个是有效的，经选通控制连接到高电平，其余三个是开路或拉低的。同时确保 SEG 的有效段位与之严格同步。例如，COM1 有效，BC 两段也有效；COM2 有效，ABCD 也有效；如此等等。于是，尽管所有数码管都接收到相同的字形段码，但究竟是哪个数码管会显示出指定的字形，取决于位选通控制电路的输出对 COM 端的控制，只要将需要显示的数码管的选通控制打开，该位就显示出字形，没有选通的数码管不管它们的段位上是什么，都不会被点亮。分时轮流控制各个数码管的 COM 端，并同步给出相应字的有效 SEG 位，即可使各个数码管轮流受控显示，这便是动态驱动。这样的动态显示过程中，每位数码管的点亮时间即 COM_x 的有效时间可设为 $1\sim2\text{ms}$，四个位将以 1kHz 或 500Hz 的频率被完整刷新一遍，由于人眼的视觉滞留现象及 LED 的余辉效应，尽管实际上各位数码管并非同时点亮，但因扫描速度足够高，观察者所感知的是一组稳定的显示数据"1234"，不会有闪烁感。可见，动态显示的效果和静态显示是一样的，动态显示方式能够节省大量的 I/O 端口，而且功耗更低。

需要指出的是，上述例子中的 COM 与 SEG 的划分并不是一定要这样按字分成 4 个 COM 及 8 个 SEG，完全可以分成 2 个 COM、16 个 SEG。例如，把前面 2 个数字位的共阳端连在一起形成 COM1，后两个字连成 COM2，每次同步扫描两个字中的 16 个段，一样可以实现动态扫描。实际应用的时候，可以根据驱动元器件及系统要求，综合考虑驱动系统的结构，特别是在使用集成 LED 驱动芯片实现动态扫描时，可以根据可用芯片的 COM 与 SEG 配置结构来规划 LED 屏阵列的驱动形态。

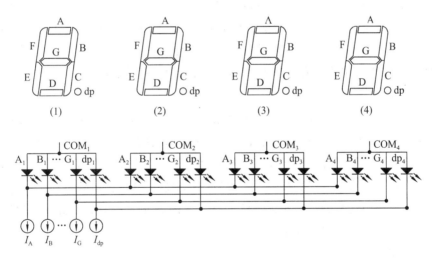

图 5.11　四个 LED 数码管的动态扫描

5.6.2　LED 模块的集成驱动方案

LED 显示屏的驱动功能可以分为显示内容与像素驱动两个方面，前者代表显示屏上要展示的影像、图片、文字或符号，后者则是本章之前所描述的电路在每个 LED 像素上展示属于该像素的亮度信息，通常以很高的速率动态显示。一个高分辨率的显示屏会包含数量巨大的像素，几乎所有的 LED 屏都会将一个屏幕分解成多个模块，把来自视频源或其他数据源的显示内容在几何上作如是分割，经分割后的显示内容分派到各个模块，这些内容一般被缓存在相应模块中的图像存储器中，每个模块把各自存储的内容稳定地显示在 LED 阵列上，设计与实现方案应确保显示内容与缓存内容的同步。一旦上层显示控制器更新了显示内容，LED 阵列上显示内容需要立刻得以体现。正常的电视帧刷新频率不低于 25Hz，因此模块的驱动电路应该能足够快速地接收上层显示控制器发送的图像数据。

LED 模块至少应该具备以下两个功能：① 接收当前模块每个像素的显示数据，缓存模块图像。它们代表的是当前模块需要显示的内容。如果是单色屏，每个像素只是一个二进制变量；如果是全彩屏，它是三个字节的 RGB 数据。② 根据缓存的模块图像驱动每个像素，把缓存的图像以动态扫描的方式稳定显示在面板上。由于把图像数据从模块缓存到 LED 面板像素上进行显示会涉及众多像素的动态扫描，会存在多行（COM）多段（SEG），整个动态扫描过程的时序控制会变得复杂。如果还要进一步控制每个像素的亮度与色彩，则要求对每个发光二极管进行 PWM 亮度调节，需要控制的要求更高。因此，在系统设计时，通常会把这样的"底层"扫描过程利用专用的 LED 扫描集成电路来实现，而单片机仅用作控制与通信，构成模块的集成驱动方案。

本节以一个 16×16 点阵的 LED 模块为例，讨论基本的集成驱动是如何设计的。把模块分成 16 个行，每行 16 个像素，每次扫一行，即使用 1/16 的动态扫描方案。动态扫描的驱动电路如图 5.12 所示，它由以下几个主要部分构成：作为控制器的单片机、由 4∶16 译码器及 16 个 P-沟道场效应管 $Q_0 \sim Q_{15}$ 构成的行驱动电路、由 16 通道 LED 恒流源驱动芯片构成的列驱动电路以及 LED 点阵面板。

1. LED 面板

一方面，16×16 点阵的 LED 面板连接成共阳结构，每行 16 个 LED 的阳极相连，形成 16 条行驱动线，在极限情况下，整个行都亮的时候有 16 个 LED 同时亮起，所以一般需要有行驱动管提供足够大的驱动电流。另一方面，纵向 16 个 LED 的阴极也都按位相连，形成 16 条列驱动线，它们将分别接到 LED 恒流源驱动芯片对应的输出驱动通道上。当行线为高电平、列线为低电平时，交叉点上的 LED 将亮起，亮度取决于列驱动恒流源电流的大小。

2. 行驱动电路

行驱动电路由 4∶16 译码器 74HC154 与 P-沟道场效应管构成。74HC154 的输入是四个二进制位 ［A3 A2 A1 A0］，其数值在 ［0 0 0 0］，［0 0 0 1］，…，［1 1 1 1］之间变化，分别被译码成 Y0～Y15 输出有效。请注意，输出是低电平有效，即若输入是 ［0 0 0 0］时，Y0 为低电平，其余 15 个输出全部为高电平。译码器的输出与 P-沟道行驱动管 Q0～Q15 的栅极相连，当栅极为低电平时，行驱动场效应管的漏-栅极间电压超过导通阈值电压，驱动管导通，供电电压 Vcc 与行线连通，该行被供电。上述行驱动结构将确保任意时刻有一行也只有一行得到供电。要实现行间扫描，仅需要由单片机给译码器 74HC154 写入不同的输入值，当输入值连续以二进制 0000B～1111B（或十六进制 0x0～0xF）变化时，LED 阵列的第 0 行～第 15 行的共阳极行扫描线将会依次得到驱动电压。

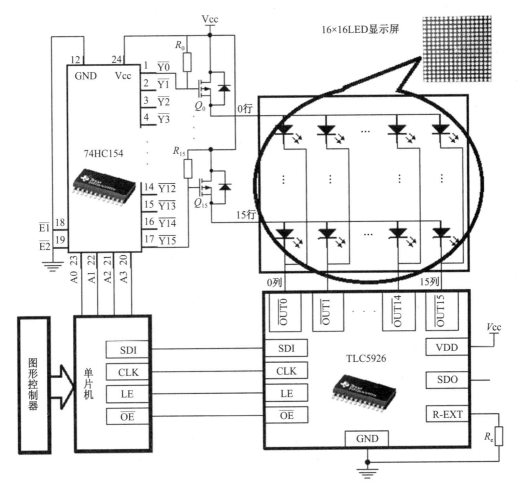

图 5.12　16×16 点阵 LED 显示模块

3. 列驱动电路

列驱动电路使用 TI 公司的 LED 恒流驱动芯片 TLC5926 实现，它可同时驱动 16 路，适合当前例子中显示屏的列驱动要求。通过程序控制或调节外接电流设定电阻 R_e，能统一把常值电流设定在 5～120mA，足可适应相当一部分应用的需要。尽管其芯片供电电压只有 3.3V 或 5V，但 LED 驱动输出端能接受高达 17V 的电压，因此在每一个输出端可以接成较高电压供电的多 LED 串联驱动。当前的应用例子每条线上只有一个 LED，所以图 5.12 中直接使用了 V_{cc} 经过行驱动 FET 就可以了。

列驱动电路 TLC5926 实现的主要是一个 16 位移位寄存器、锁存器、输出恒流驱动以及一些辅助控制功能，其基本功能框图如图 5.13 所示。在工作过程中，把所要显示的数据通过 SDI 输入端在时钟 CLK 控制下移入，每个时钟上升沿移入 1 位，16 个时钟之后，全部 16 位显示数据将进入移位寄存器，注意高位先进，最后移入的一位是与 OUT0 相对应的，数据高电平有效，即移入 1 将使对应的 OUT 位变低，LED 点亮。移位过程与 LED 驱动是独立的，不会影响当前的输出控制。只有当移位寄存器上的数据被锁存到 16 位输出锁存器后，它才可能在输出控制信号 $\overline{OE}$ 低电平有效时被输出。当 $\overline{OE}$ 为高电平时，将禁止所有的输出，不管此时输出锁存器中是什么内容。要想把移位寄存器中的内容锁存到输出锁存器，需要在锁存允许引脚加一个正脉冲。当 LE 为高电平时，移位寄存器中的内容将进入锁存器；当 LE 为低电平时，锁存器上的内容将被锁存，不再随着移位寄存器的内容而改变了。据此，可以给出列扫描的工作时序，如图 5.14 所示。由于该芯片可以工作在高达 30MHz 的时钟频率上，因此可以在极短的时间内移入一行的数据，最快只需约 $0.53\mu s$ 就可以移入一行 16 位的 LED 数据。

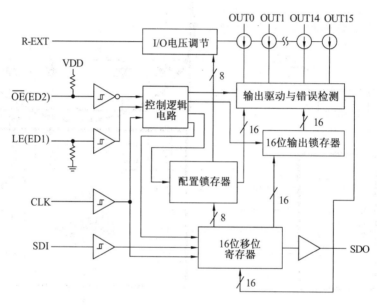

图 5.13　TLC5926 基本功能框图

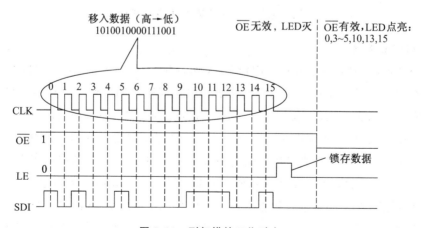

图 5.14　列扫描的工作时序

上述列驱动电路只能显示当前行。接下来描述行扫描过程及操作时序，从而实现全屏幕 16×16 个 LED 动态驱动。与电视上所用扫描类似，完整扫描一帧的时间称为帧扫描周期 T_{f}，每秒能完整扫描的帧数即是图像的刷新频率 $f=\dfrac{1}{T_{\mathrm{f}}}$。如前所述，为了不产生明显的图像闪烁，必须要求足够高的刷新频率，这里取 25Hz 的刷新频率，扫描周期为

$$T_{\mathrm{f}}=40\mathrm{ms}$$

由于采用的是 1/16 的动态扫描，求得行扫描周期为

$$T_{\mathrm{r}}=2.5\mathrm{ms}$$

上述行扫描周期 T_{r} 将决定：

① 每一行一次点亮的最长时长 T_{r}，它将影响屏幕亮度与闪烁等品质。

② 驱动系统用于行数据移位的最大可用时间 T_{r}，它将决定软、硬件的速度与器件选择。

到了每行的结束时刻，把已经移入移位寄存器的下一行数据锁存。由于数据的锁存过程中输出数据会产生动态的变化，为避免可能由此带来的不确定闪烁，可以考虑短暂禁止输出，完成锁定后再允许输出下一行。

整个图像帧的扫描时序如图 5.15 所示。为了确保图像帧的显示稳定性与一致性，当需要改变显示内容时，这种改变应该在完整的一帧图像被显示后进行，即在最后第 15 行移入移位寄存器后检查需不需要更新显示内容，如果需要，就把新内容保存到图像显示帧存中，下一帧的第 0 行开始切换显示更新后的内容。可以设置单独的存储器用作图像帧存，如果像素不是特别多，可以在控制器自带的内存中开辟一个区域用于此目的。这些行扫描、帧存更新、行数据的移位锁存等是由谁来完成与控制的呢？这就要用到控制器了。

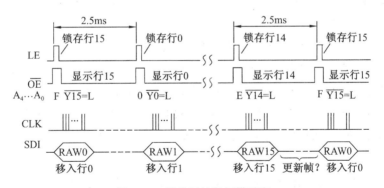

图 5.15　显示屏的行扫描时序

4. 控制器

图 5.12 所示的显示模块控制器可以用单片机来实现，它实现从上层图像控制器接收当前显示模块所要显示的内容并把它保存到内部 RAM 构成的帧存中，还将实现模块行、列扫描控制等。它的设计与具体选用的单片机型号有关，与显示模块被使用

的显示屏类型及尺寸同样关系密切。对于视屏类型的应用，因为需要传输远距离高速数据流，控制结构可能会更加复杂，需要附加专门的视频控制器来实现。下面将对图5.12所示的显示模块控制器具体结构进行必要的说明。

与列扫描集成电路 TLC5926 连接最方便的办法是使用许多单片机内建的 SPI 接口，对于 8 位的低成本单片机，每行的数据更新仅需在 SPI 口上连续输出 2 个字节即可，硬件连接与编程都十分方便。行扫描控制需要 4 个二进制位，可以配置在任意一个单片机可用的端口上，这样扫描一行只需要执行一个单字节操作，写出 0x0～0xF 中的某个值就可以了。

至于从上层图形控制器接收当前模块显示数据，如果数据量不是特别大，可以考虑采用 RS485 平衡传输技术，能在相当高的数据传输速率下实现远距离显示数据的更新。想要在单片机系统中进行 RS485 串行通信，图 5.12 所示的显示模块控制器在与上层图形控制器之间需要扩展 RS485 芯片构成接口电路，于是单片机可以使用内建的通用串行异步收发器（USART）实现显示数据的接收。对于当前 16×16 的单色面板，这个模块所用的数据相当有限，每行 2 个字节，每帧共计只要接收 32 个字节。控制器中要做的主要工作是单片机的软件设计。接下来，根据上述设计要求，结合具体型号的单片机实现方案，讨论软件设计的主要流程。

5. 显示模块控制器软件结构

显示驱动是一个实时控制系统，每个行扫描周期所执行的操作要以严格的时序完成，因此该系统的单片机软件将主要以定时中断的方式来诱发所有关键操作。同样地，从上层图像控制器通过串行通信获得图像数据也是由通信硬件在后台自动完成的。为了支持这些操作，应当设计恰当的数据结构来支持数据传递及各个程序功能模块之间对数据更新与使用的同步。对于显示模块控制器这种相对简单的应用，通常不会加载实时操作系统，这种"裸"应用设计需要注意数据读写可能存在的潜在冲突，保证数据的完整性。

（1）初始化程序。

如果仅仅是用于显示模块的驱动，主程序将是十分简单的，在适当的初始化之后，几乎没有什么特定的任务需要完成。当然实际应用中可以根据需要执行一些其他操作。初始化程序模块启动后仅需执行一次，主要完成以下操作：

- 端口初始化：配置相应的端口，用于 SPI 通信、四位行扫描译码器驱动信号等。
- 数据初始化：清空显示缓存及一切所用的标志，保证每次启动模块处于完全确定的状态。
- 定时器初始化：把 MCU 中的某个定时器指定为系统时钟，配置它的定时周期为行扫描时间。装载定时器初值。
- SPI 初始化：把 SPI 配置成主模式，把相位设定成时钟下降沿数据变化，上升沿锁存数据。配置 SPI 的时钟，可以设置尽可能高的时钟，只要不超出 TLC5926 最高限值 30MHz 即可。通常单片机少有 SPI 的时钟能高达 30MHz 的。
- 串行通信初始化：指定波特率、数据位、奇偶校验、停止位等。485 还会需要一个配置成输出的接收/发送控制位。

- 中断初始化：允许定时器、SPI、串口通信中断。
- 启动：启动定时器，允许串口接收数据。

主流程在执行了上述初始化操作后即可进入循环等待状态。驱动控制的大部分操作都是在各个中断服务程序里进行的。

（2）中断服务程序。

① 串行通信中断服务程序。

如果上层显示控制系统有新的数据需要让当前模块更新，串行口将接收到 32 个字节的数据块并把它们保存在临时缓冲器中。正确接收了 32 字节的数据块后，置位新数据就绪标志 DATAREADY＝1，等待 SPI 中断程序复制到模块显示帧存中。

② 定时中断程序。

每隔一个行扫描周期 T_r（＝2.5ms），系统会产生一个定时器中断，这是显示模块扫描控制的核心操作，它将实现图 5.15 所示的扫描时序。

- 当 $\overline{OE}$＝1 时禁止显示。
- LE＝1，允许移位寄存器 16 位数据进入锁存器；LE＝0，锁存。
- 从端口输出当前行号，PORTx＝curRaw；更新行号 curRaw＋＋；若超出 15，回卷到 0。
- 允许显示：$\overline{OE}$＝0，显示当前行内容。
- 取下一行的第一个字节送入 SPI 寄存器，设置 SPI 字节计数 SPICNT＝1，允许 SPI 中断。
- 中断返回。

③ SPI 中断服务程序。

SPI 中断用于把下一扫描 16 位数据移入移位寄存器，它也是每隔一个扫描周期 T_r＝（2.5ms）产生中断，不过，如上所述，SPI 中断是在定时器中断服务程序中被允许的，且下一扫描行第一个数据的发送也是在定时器中断服务程序中被写入 SPI 寄存器。单片机中的 SPI 数据寄存器一旦空闲，就会产生 SPI 中断请求，中断服务程序就可以写下一个数据了。这里的主要操作有：

- SPICNT＋＋　　　　//SPI 字节计数增量
- IF(SPICNT＞2)　　　//已经把两行数据发送到移位寄存器
  a）禁止 SPI 中断　　//下一行移位操作已经完成
  b）IF（DATAREADY＝＝1）
  　i. 把 32 个新的图像数据复制到帧存
  　ii. 清除新数据就绪标志 DATAREADY＝0
- ELSE
  c）取下一行的第二个字节送入 SPI 寄存器
- 返回

5.7 LED视频显示屏的驱动电路

视屏主要用于显示计算机图像或电视图像这类视频信息，其屏幕像素与控制计算机监视器的像素点呈一对一的映射关系，通常需要配置多媒体卡以获取或转换视频图像数据，每种原色有256级灰度，可以合成16M的全彩。图5.16给出了LED视频显示屏的结构简图。

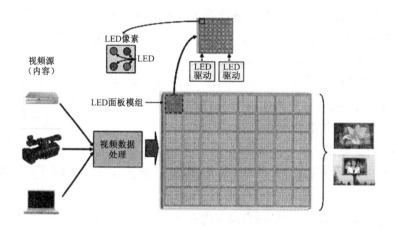

图 5.16 LED 视频显示屏的结构简图与像素

不同类型的视频信源提供的视频输入信号经过处理后被送入LED显示屏。整个显示屏通常由若干个正方形或矩形的点阵组成，每个点阵又由若干个像素组成。每个像素由R、G、B LED灯组成，通过混合这些LED的灯光颜色，就可产生所需的像素信息。LED驱动器相当于被处理后的视频数据与RGB LED发出的彩色灯光之间的接口（图像就是由这些彩色光线构成的）。

从大型LED视频显示屏的应用考虑，画质影响着用户对于显示屏的观看体验，其中包含几方面的内容：

• 原始图像的信号质量以及数据处理能力是取得良好画质的前提条件。

• 显示屏尺寸大小、分辨率高低、像素间距和LED选择是决定人眼感受到的画质的关键参数。

• 需要选择一个适合的LED驱动器，能够把处理后的图像数据转换成所需的彩色和动画效果。

本节将简单说明一下LED视频显示屏对LED驱动器的要求。具体的驱动电路的设计，不同厂家各不相同，而且通常会关联到特定的应用，详尽的电路方案超出了本书的范围。

LED视频显示屏驱动电路的作用是接收来自视频接收卡或者视频处理器等信息

源的符合协议规定的显示数据，产生由像素亮度决定的脉宽调制信号（PWM）点亮 LED。电路由 LED 驱动模块、逻辑控制模块以及 MOS 开关模块组成，实现 LED 显示屏的显示功能并决定其呈现的显示效果。

　　根据集成化的要求，电路的驱动模块通常采用专用芯片。专用芯片是指按照 LED 发光特性而设计的专门用于 LED 显示屏的驱动芯片。LED 是电流特性器件，即在饱和导通的前提下，其亮度随着电流的变化而变化，而不是靠调节其两端的电压而变化。因此，专用芯片一个最大的特点就是提供恒流源，这一点与之前模块驱动中使用的通用芯片一致，只是视频的像素结构复杂一些。在视屏中，为了实现良好的色彩复现，像素一般采用四个 LED 结构（图 5.16），像素中四个 LED 的每一个都必须单独且精确地控制亮度以产生该像素对应的色彩。采用恒流源，可以保证 LED 的稳定驱动，消除 LED 的闪烁现象，它是 LED 显示屏显示高品质画面的前提。有些专用芯片还针对不同行业的要求增加了一些特殊的功能，如具备 LED 错误侦测、电流增益控制和电流校正等。由于要实现每个像素中的每个 LED 的精准 PWM 恒流调节，视频 LED 显示屏的驱动电路会比较复杂，各个厂家几乎无一例外地采用了专用芯片来实现，很少使用通用器件来构成如此大规模的应用需求。

　　20 世纪 90 年代，LED 显示屏应用以单双色为主，采用的是恒压驱动 IC。1997 年，出现了首款国产 LED 显示屏专用驱动控制芯片 ZQL9701，可以实现 8192 级灰度，做到了视频图像的所见即所得。随后，针对 LED 发光特性，恒流驱动成为全彩 LED 显示屏驱动的首选，集成度更高的 16 通道驱动替代了 8 通道驱动。20 世纪 90 年代末，日本 Toshiba、美国 Allegro 和 TI 等公司相继推出 16 通道的 LED 恒流驱动芯片。如今，为了解决小间距 LED 显示屏 PCB 布线的问题，一些驱动 IC 厂家又推出了高集成的 48 通道的 LED 恒流驱动芯片。

　　在 LED 显示屏的性能指标中，刷新率、灰度等级以及图像表现力是其中最为重要的一些指标。相应地要求 LED 驱动电路必须做到驱动 IC 通道间电流的高度一致性、通信接口的高速率以及恒流源响应的快速性。很多 LED 显示屏在实际应用中要么是刷新速率不够，高速摄像器材拍摄的内容显示容易出现黑线条；要么是灰度不够，色彩、明暗亮度不一致，难以做到两全其美。随着驱动 IC 厂商技术的进步，对于上述要求，目前在技术上已经有所突破，能够同时解决好这些问题。

　　在小间距 LED 显示屏的应用中，为了保证用户长时间用眼的舒适度，当显示屏的亮度降低时画面的灰度几乎没有损失或损失很小，这种情况被称作“低亮高灰”，这成为考验驱动 IC 性能的一个尤为主要的标准。

　　节能也是考量驱动 IC 性能的一个重要标准。驱动 IC 的节能主要包括两个方面：一是有效降低恒流拐点电压，进而将传统的 5V 电压降低至 3.8V 以下操作；二是通过优化 IC 算法和设计，降低驱动 IC 操作电压与操作电流。

　　随着 LED 显示屏像素间距的迅速下降，单位面积上要贴装的封装器件以几何倍数增长，大大增加了模组驱动面的元器件密度。以间距为 1.9mm 的 P1.9 小间距

LED 为例，15 扫的 160×90 模组需要 180 个恒流驱动 IC、45 个行管、2 个 138 译码器。如此多的器件，让 PCB 可用的布线空间变得极为拥挤，加大了电路设计的难度。同时，如此拥挤的元器件的排列，极易造成焊接不良等问题，同时也降低了模组的可靠性。于是，应用端对于驱动 IC 更少的用量以及留出 PCB 更大的布线面积的需求正在倒逼驱动 IC 必须走上高度集成的技术路线。

在彩色和动画方面，为取得优异的画质，需要整合多种不同的功能：高帧率、高刷新率、颜色还原精度等。不过，显示屏的质量不仅指图像本身，而且指解决方案的整体质量。例如，抗干扰性和可靠性。因此，所有的彩色 LED 显示屏需要选择技术精密的 LED 驱动器。

• 良好的显色性取决于每个 RGB（以及每个颜色）的有效亮度，有效亮度越高，显示的颜色越丰富。合理而精细地控制亮度，需要利用 PWM 调光技术。

• 要达到高的刷新率，就需要高速率地处理大量数据。LED 驱动器可利用高速串行接口和灵活的数据格式管理功能满足这些要求。

• 一支或多支 LED 灯管失效会影响像素颜色的精度，危及影像的整体视觉效果，影响画面的质量。让显示屏保持理想视觉效果，需要一个可靠的 LED 失效条件检测方法。

5.8　本章小结

本章简单介绍了 LED 显示屏的结构、部分重要的技术参数和指标，详细说明了 LED 显示屏的电路组成，解释了如何将要显示的内容输出到 LED 显示屏上的工作原理。具体讨论了不同类型的 LED 显示屏的集成驱动设计方案，包括形如数码管这样简单的异形屏以及通用的正方形 16×16 的 LED 模组，给出了这些设计方案的具体硬件结构，也说明了相应的控制软件需要实现的基础功能。本章最后简单概述了 LED 视频显示屏的驱动电路设计要求。

LED 显示屏驱动实例

　　本章以一个 64×64 的 LED 显示屏的驱动为例，给出 LED 显示屏单片机驱动设计的完整过程，包括系统的硬件设计与软件设计两个部分。

　　该实例的目标显示屏为一个 64×64 点阵的全彩 LED 显示屏，本章将设计它的驱动电路、控制接口以及驱动软件。这里，单片机 STM32F103 被用作显示驱动的控制器，显示屏与之相连后，在运行于单片机上的驱动与示例应用软件的控制下，即可实现屏幕不同位置上显示各种彩色字符的功能。

6.1　概　述

　　为了读者能较完整地认识一个 LED 显示屏驱动的软硬件设计过程，本章设计了一个应用实例。该实例是一个可以实用的"欢迎"屏，以中英文同时显示欢迎内容。屏幕的物理结构是一个方形模块，空间分辨率为 64×64 点阵，用的是 RGB 全彩屏幕，每个物理像素都由共阳的红、绿、蓝三基色的 LED 灯珠构成，理论上只要适当地控制三基色 LED 各自的发光强度，就能混色出上千万种色彩。由于目标应用显示内容仅是文字而非视频信息，因此本例中将使用简化的驱动方案，生成八种不同的色彩，以展示通过驱动设计实现可能的像素色彩变化。

　　欢迎屏上的内容是这样设计的：屏幕上将显示上下两行内容，分别显示英文"Welcome"与中文"欢迎光临"。使用字模软件，英文字符串"Welcome"获得了一个 19×60 的字模，即该字符串占 19 行、60 列。而汉字"欢迎光临"则获得了一个 42×128 的字模，每个单字使用 42×32 的字模，即需要使用 42 行、32 列。我们希望把英文的欢迎文本放置在上半个屏幕的中间位置，下半屏则用于汉字显示。读者可能已经注意到，这样的设计显示"Welcome"不存在问题，因为屏幕的一行有 64 个像素，可以放下以 19×60 的字模形式出现的"Welcome"的所有像素。然而，完整显示四个 42×32 字模形式的汉字"欢迎光临"会存在问题，因为显示四个汉字至少一行需要 128 个像素，而屏幕只有 64 列，最多一次只能同时显示 2 个汉字。解决的方法是：把汉字显示设计成"右入左出"的滚动显示方式，即把这四个字以确定的速率从屏幕右边移入，再从屏幕左边移出，从而实现内容的完整显示。注意，为了在滚动显示时避免"临"后面直接输出"欢"，影响阅读效果，汉字部分多加了一个惊叹号"！"作为区隔，所以实际汉字字符串"欢迎光临！"是一个 42×160 的字模。滚动显示也是许多条形屏常用的方式，它能在有限的屏幕空间上显示更多的内容。滚动显示时需要认真考虑文字的移位速度，过快的移动速率会使观众的视觉感受不适，太慢则需要等待比较久才能看到全部内容，同样会影响观感。这里以 $2 \sim 3s$ 左右移动一个汉字的速率做滚动显示。实际设计时，可以根据实际显示效果进行适当的调整。

图 6.1 所示的是本章所要讨论的显示与驱动系统的大致结构。其中的 64×64 全彩 LED 点阵将分成上、下两个半屏同时扫描，所以行、列驱动会有两组完全相同的电路。扫描过程是由单片机模块控制的，控制过程使用 LED 行业上比较通用的 75E 接口，它定义了扫描控制信号的时序与格式。单片机扫描控制器用 STM32 实现，它的某些引脚被分配成用于产生 75E 接口必需的控制信号。于是，运行于 STM32 上的驱动软件就能把存储在图像帧存中需要显示的内容以确定的时序通过 75E 接口去控制行、列驱动电路，实现图像扫描。

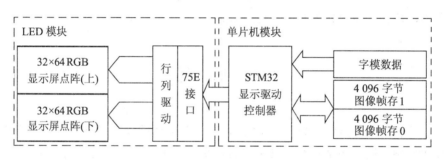

图 6.1 显示与驱动器结构

本例中，存在于帧存中的内容就是上述"Welcome"及"欢迎光临！"的显示点阵，这些数据是根据保存在 STM32 闪存中的字模生成的。行、列驱动电路在来自75E 接口的单片机信号控制下，以约 0.3ms 一行的速率逐行扫描，上、下半屏的扫描同步并行进行，所以经过 10ms 共 32 次行扫后，完整的一帧图像扫描完成。如此不断重复，保存在图像帧存中的图像就稳定地呈现在显示屏上了，帧扫频率为 100Hz。

为了便于实现本实例中汉字的滚动显示，图像帧存设计成了如图 6.1 所示的双缓冲结构。当单片机模块中其中的一帧（称为扫描帧）以 100Hz 的帧扫频率高速扫描当前滚动位置上显示的内容时，另一个空闲的帧（称为更新帧）可以由单片机软件准备下一个滚动位置上的显示内容。等到滚动时刻到来时，切换扫描帧与更新帧，如此循环进行。扫描操作必须严格依照时序高速进行（本例中所用的帧频率为 100Hz），任何干扰都会影响图像显示品质。采用上述双缓冲结构的原因是显示屏上图像内容的更新通常相对慢一些（本例中所用滚动频率约 10Hz），可以很好地把低层硬件实时图像扫描与内容更新操作隔开。本例中，高速的图像行、列扫描控制是借助硬件定时器在其中断服务程序中实现的，而显示内容的滚动更新则是在主程序中进行的。

接下来具体讨论上述显示屏驱动实例中相关的硬件电路与软件设计。

6.2　LED 显示屏驱动的硬件电路设计

1. 64×64 点阵的全彩 LED 显示面板

全彩显示屏上的每个 LED 灯珠包含红、绿、蓝（RGB）三种颜色的发光二极管，它们独立可控，理论上可以通过让 RGB 发出不同亮度的组合产生任意想要色彩的像素。本章所要讨论的 64×64 点阵 LED 单元板的灯珠排列如图 6.2 所示，它共有 4 096 个像素，分成 64 行，每行 64 列（像素）。该 LED 面板接成共阳结构，即把每一行 64 个像素三色 LED 的阳极都接到一起，从而形成 64 条行驱动线。极

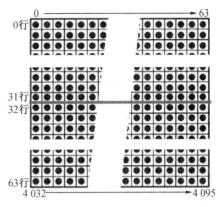

图 6.2　单元板外观示意图

限情况下，某行的每个像素都显示白色，也即每个像素的 RGB 三色 LED 同时点亮，该行共计有 192（64×3）个 LED 同时亮起。假如每个 LED 平均通过 5mA 的电流，要求从阳极供电线上流出近 1A 的电流。所以设计面板驱动时，通常需要有行驱动管，才能提供这个行驱动必需的最大行驱动电流。

那么又要如何处理 64 个列呢？从前面章节的讨论中已经得知，像素较多的显示屏采用按行进行动态扫描的方式，即一次只显示一行，把所有行都扫描一遍，就显示了完整的一帧图像，所需要的时间称为帧扫周期。只要帧扫频率足够高，或者说帧扫周期足够短，人眼所见的就是连续平稳的一帧图像显示。之前讨论过的显示模块比较小，如 8×8 的模块，共有 8 行，一帧扫描时间内，每行将在 1/8 帧扫周期的时间长度上可以被点亮，这样的动态扫描方式也称为 8 扫，其亮度对于室内或室外的应用都足够。本章所讨论的 LED 屏幕分辨率为 64×64，如果也是每次只扫一行，即所谓 64 扫模式，每个帧扫周期内仅有 1/64 的帧扫周期的时间长度上可以点亮一行，导致 LED 的平均辐射能量很低，显示亮度会明显不足。为了解决这种显示亮度带来的潜在问题，实际应用中对于较大的模块，通常会将之分成若干部分同时（并行）扫描。本章所设计的显示模块将分成上、下两个半帧同时扫描，从而实现的是 32 扫。当然，如果希望进一步提高扫描亮度，还可以分成四块、八块并行扫描，从而得到 16 扫或 8 扫的动态扫描工作模式。这样做付出的代价是模块上承载的行驱动、行扫描、列扫描等电路元器件成倍数增加，物理成本随之成倍提高。因此，必须做出适当的取舍。我们的设计将采用 32 扫，可以理解成尽管物理上是一个 64×64 的显示屏，但它被分

成上下、两个各32行的逻辑屏,如图 6.2 所示,前面 0~31 行构成上半屏,后面 32~63 行构成下半屏,采用两组完全相同的行列扫描电路。行列扫描电路分成两组后,每组纵向列线上的 64×3 个 LED 的阴极也都按位相连,形成 64×8 条列驱动线,它们将分别接到 LED 恒流源驱动芯片对应的列输出驱动通道上。当行线为高电平、列线为低电平时,交叉点上的 LED 将亮起,亮度取决于列驱动恒流源电流的大小。每次扫描时,需要同时准备好上、下半屏两个对应行号上的显示数据,如第 0 行与第 32 行,把它们放置到相应的列线上。由此可见,就整个屏幕而言,每一时刻同时会有两行的内容被显示,快速扫描 32 次,就能实现整帧图像的扫描。

2. 行驱动电路

接下来讨论行驱动电路的具体实现方案。上一小节已经明确,我们将分成上、下两个半屏实现32扫,它们的驱动结构是完全相同的,只要搞清其中一个就可以了。如前所述,每行需要有一个能提供足够大驱动电流的行驱动管,能够顺序产生 0~31 行的共阳驱动电压与驱动电流,一次只能有一个输出有效,其余都必须保持为 0,从而产生行扫信号。

使用单独控制的功率管会需要太多的元件数,这里用 4 片 ICN2012 集成芯片来构成一组行驱动电路。ICN2012 是一款专用的 LED 显示屏行驱动芯片,集成有 38 译码电路及 PMOS 功率管,集成防烧功率管、消隐、LED 灯珠保护等功能,每片 ICN2012 共有 8 路输出,每路 PMOS 输出管的导通电阻为 $100\,\text{m}\Omega$,最大驱动电流可达 2A,能很好地满足本章 LED 屏的要求。

ICN2012 有三个二进制输入位 [A2 A1 A0],其数值在 [0 0 0],[0 0 1],…,[1 1 1] 之间变化,分别被译码成 Y0~Y7 输出有效。请注意,输出是高电平有效,即若输入为 [0 0 0] 时,Y0 为高电平,输出所需要的 LED 行驱动电压,其余 7 个输出全部为低电平。因此,只要通过给 [A2 A1 A0] 加上地址数据,就能确保任意时刻所选定的一行也只有这一行得到供电。

四个 ICN2012 组合可构成 32 扫所需的 32 条行线,因此意味着这四个一组的芯片任一时刻只能有一片可以如上所述根据地址数据产生输出,其他三个芯片不能产生输出。如何做到这一点呢?ICN2012 除了上述地址输入与 8 路驱动输出之外,另有两个使能控制输入 [E1 $\overline{\text{E2}}$],只有取值为 [1 0] 时,译码输出才有效,不然所有输出都被禁止。可见,它们可方便地用于实现多芯片的级联。于是,共使用 5 根地址线 [A4 A3 A2 A1 A0],[A4 A3] 用来选择 4 片 ICN2012 中的一片使之输出有效,[A2 A1 A0] 直接与 ICN2012 地址线连接。外加一片 74HC04 反向器电路,就可构成完整的 32 扫行驱动电路,如图 6.3 所示。只要单片机控制电路产生 [0 0 0 0 0] ~ [1 1 1 1 1] 地址信号,驱动电路就会分别产生 Y0~Y31 行驱动电流。

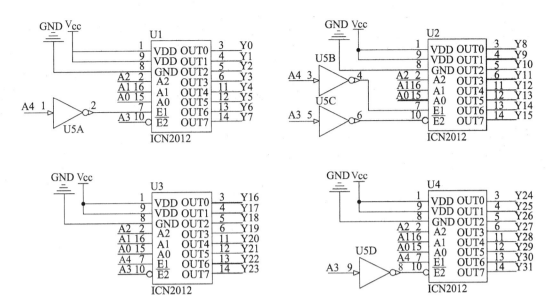

图 6.3　显示屏的行驱动电路

3. 列驱动电路

列驱动电路使用 LED 显示屏专用恒流源驱动芯片 DP5020B，它内建有 16 位 CMOS 位移寄存器与锁存器，可以一次性串行移位输入 16 位数据并转换成并行输出数据格式，因此可同时驱动 16 路，并且还能进行级联，即把四片级联，可以一次性移入 64 位数据。注意到当前应用中每个像素都有 RGB 三色，64 个像素的每一种颜色都需要 4 块 DP5020B 级联，共需要 12 片才能实现列驱动要求。再考虑到分成上、下两个半屏并行扫描，因此总共需要 24 片恒流源驱动芯片 DP5020B。

列驱动芯片 DP5020B 内建有 16 位移位寄存器、锁存器、输出恒流驱动以及一些辅助控制功能，其基本功能框图如图 6.4 所示。

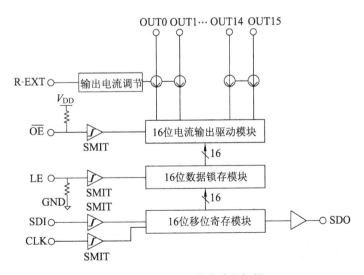

图 6.4　DP5020B 基本功能框图

工作过程中，在时钟 CLK 控制下，把所要显示的数据通过 SDI 输入端移入，每个时钟上升沿移入 1 位，16 个时钟之后，全部 16 位显示数据将进入移位寄存器，注意高位先进，最后移入的一位是与 OUT0 相对应的，先前移入的数据则会从 SDO 移出，级联时只要把前一级 SDO 与后一级 SDI 相连就能实现 16 位、32 位或 64 位的移位操作。数据高电平有效，输出低电平有效，即移入 1，将使对应的 OUT 位变低，LED 就可点亮。注意，在进行数据移位时，不会影响当前的输出控制，因此也不会干扰当前 LED 显示。只有当移位操作完成并执行寄存器数据向输出锁存器的锁存操作，即在锁存允许引用 LE 上施加高电平有效的锁存脉冲后，上述数据才能出现在锁存器输出上，即便是这样，它们也不一定会产生输出驱动，除非允许 $\overline{\text{OE}}$ 是低电平。列扫描的完整工作时序如图 6.5 所示。由于该芯片可以工作在高达 25MHz 的时钟，因此可以在极短的时间内移入一行的数据，最快只需约 $0.64\mu s$ 就可以移入 16 位的 LED 数据。这里的应用例子中，将采用三组 RGB 数据同时并行移位的方法进行，即 RGB 三路在同一时钟信号驱动下，同时移入各自的四个相互级联的 16 位移位寄存器，合在一起构成一行共 64 个三基色 RGB 像素数据。因此，完成一行数据的移位最快仅需 $2.56\mu s$。

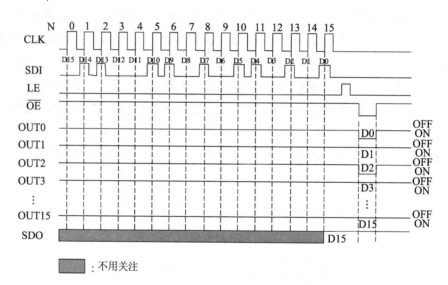

图 6.5　显示屏的列扫描时序

DP5020B 芯片真值表见表 6.1。从真值表可知，当 $\overline{\text{OE}}$ 为低电平，每当 CLK 为上升沿时，SDO 输出为锁存器移出的数据。如上所述，它可用于实现多芯片级联扩展。本章示例因为每一行上有 64 个列，需要四个 16 位列驱动电路级联。图 6.6 给出了一个单色通道 64×64 点阵 LED 显示屏具体的列驱动电路，其中电路中的 ［CLK LE $\overline{\text{OE}}$］ 信号为电路中的所有 DP5020B 所共用，用于将控制单片机发来的共有 64 位的串行数据信号 SD 按照时钟信号 CLK 的节拍从低位向高位进行移位。由于 LED 显示屏的一行有 64 列，每一片 DP5020B 有 16 位输出，需要将一个芯片的串行数据输出管脚 SDO 接至下一个芯片的串行数据输入管脚 SDI，实现 64 位的并行输出，需要 4 片这样的 LED 驱动芯片。三个 RGB 通道的列驱动电路具有完全相同的电路，差别只在于分别接收控制器发过来的 RGB 移位数据，这三组相同的列驱动电路共用 [CLK LE $\overline{OE}$] 信号。

表 6.1　DP5020B 芯片真值表

CLK	LE	$\overline{OE}$	SDI	$\overline{OUT0}\cdots\overline{OUT7}\cdots\overline{OUT15}$	SDO
↑	H	L	D_n	$\overline{D_n}\cdots\overline{D_{n-7}}\cdots\overline{D_{n-15}}$	$\overline{D_{n-15}}$
↑	L	L	D_{n+1}	保持不变	$\overline{D_{n-14}}$
↑	H	L	D_{n+2}	$\overline{D_{n+2}}\cdots\overline{D_{n-5}}\cdots\overline{D_{n-13}}$	$\overline{D_{n-13}}$
↓	×	L	D_{n+3}	$\overline{D_{n+2}}\cdots\overline{D_{n-5}}\cdots\overline{D_{n-13}}$	$\overline{D_{n-13}}$
↓	×	H	D_{n+3}	关	$\overline{D_{n-13}}$

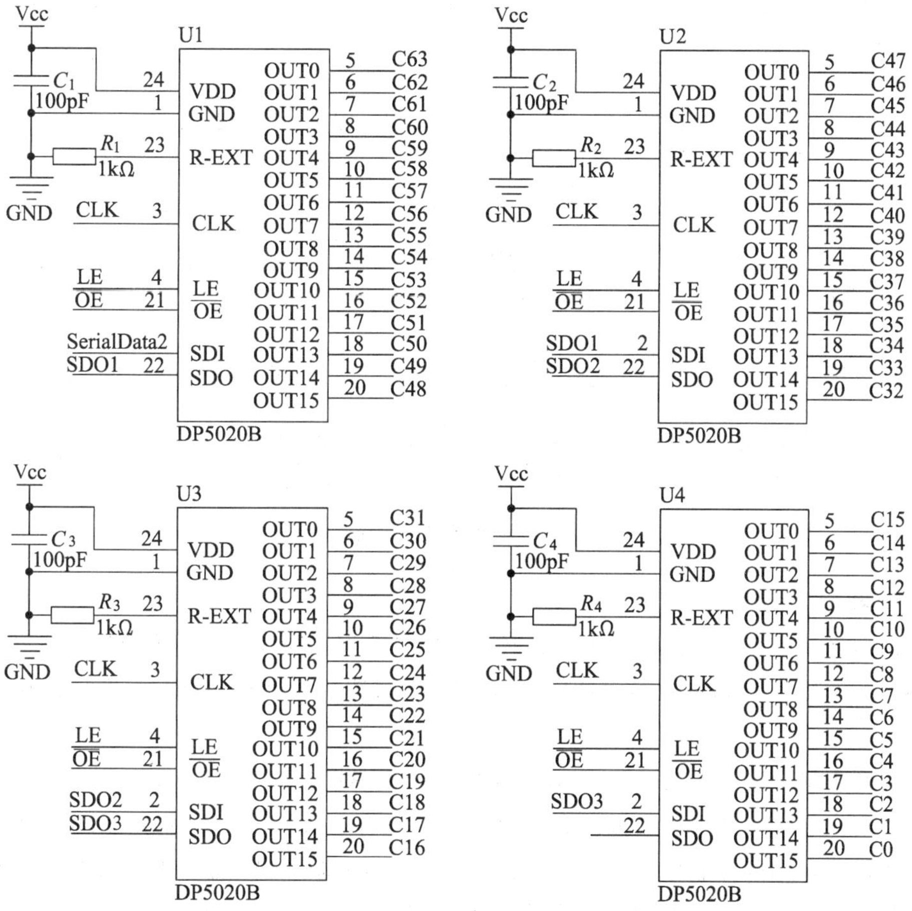

图 6.6　显示屏的列驱动电路

这里有一个很重要的映射关系需要明确，图 6.6 中所示的四块列驱动芯片级联后形成了一个 64 位的移位寄存器，对应于 LED 屏一行上的 64 列像素。从中可以看出，硬件设计是把每行中 64 列像素的移位操作按"从右到左""高位在前"的方式进行的。以第 0 行为例,首先移入的是图像上第 0 行第 0 列的像素,最后一个移入的是第 0 行第 63 个像素。这种方式可以简化软件设计,且便于理解,在设计图像帧存与准备图像数据时,可以按实际图像从左到右、从上到下的次序来准备与存取数据,不容易出错。

此外,需要指出的是,DP5020B 中 R-EXT 管脚与地之间可以接入一个外接电阻来改变整体的显示亮度。接入的亮度调节电阻阻值越大,输出通道 OUT0~OUT15 的输出电流越小,相应的驱动能力越弱,LED 的亮度越弱。

最后给出 1/32 行扫描实现全屏幕 64×64 个 LED 动态驱动总的时序。根据前面行驱动电路所描述,将显示屏分为上、下两部分,0~31 行、32~63 行同时进行行扫描。根据人眼的感受,帧刷新频率要大于等于 75Hz,人眼才不会明显感觉画面闪烁。实例中采用的帧刷新频率为 100Hz,则帧扫周期为 $T_f=10\text{ms}$;由于采用的是 1/32 的动态扫描,可以求得行扫周期 $T_r=T_f/32=0.312\,5\text{ms}$。显示屏的行扫描时序如图 6.7 所示。

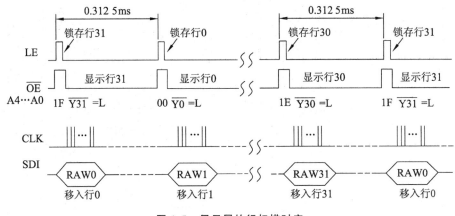

图 6.7 显示屏的行扫描时序

4. 控制器接口

前面描述的行、列扫描均由控制器产生信号并控制完成。显示模块控制器可以用很多方法实现,比如单片机、FPGA 等,本实例选择了 STM32F103 单片机作为控制器。

通常市场上购买的通用 LED 模组中的行、列驱动电路由 LED 显示屏生产厂家集成到面板上,控制器则可以根据实际用户的不同需求自行定制,所以 LED 模组一般会提供两个标准的控制接口:输入控制端口与输出控制端口。输入控制端口用于从控制器接收控制、时钟及像素移位数据等信号。所有这些信号通常都会经过总线缓冲后在输出控制端口上复现。这样的设计便于把多个模组拼接,控制信号可以在模组间传递。表 6.2 给出了目前常见的一些 LED 模块控制接口的名称和定义,特别需要注意它们与前面讲述的行扫驱动的 5 条行选地址线 [A4 A3 A2 A1 A0]、列扫驱动中的控制线［CLK LE $\overline{\text{OE}}$］以及移位数据线 SDI 之间的对应关系。只要能够理解这些信号与不同厂家生产模块采用的接口之间的对应关系，设计 LED 屏应用系统就会变得比较简单了。

需要指出的是，不同生产厂家的 LED 显示屏虽然使用同种类型的接口，它们一般都会包含必需的通用管脚定义。有些厂商的模块如果包含特殊功能，就会使用那些通用管脚之外的引脚，这些不被通用接口定义的引脚，如果没有特殊用途，一般都是 NC 端或 GND 端，特定厂家会把其中一些 NC 端或 GND 端转而定义成特殊的控制功能。因此，在实际应用时，需要特别清楚地了解你手上的 LED 模块，生产厂家有没有使用通用管脚之外的引脚，以及它们是如何被定义的，不要仅仅关注接口类型。

表 6.2　LED 模块（单元板）常见接口

接口类型	08 接口			12 接口			75 接口		
排列顺序	GND	1 2	A	A	1 2	OE	R1	1 2	G1
	GND		B	B		GND	B1		GND
	GND		C	C		GND	R2		G2
	OE		D	CLK		GND	B2		GND
	R1		G1	LE		GND	A		B
	R2		G2	R		GND	C		GND
	GND		LE	G		GND	CLK		LE
	GND	15 16	CLK	D	15 16	GND	OE	15 16	GND

本章将选用 75E 接口。75E 接口是表 6.2 中 75 接口的变型。它们的不同之处在于 75E 接口在 75 接口的标准定义外做了一些扩充定义，将原接口中的 GND 端子赋予了新的定义。75E 接口定义图如图 6.8 所示。其中，R1、G1、B1 对应的是 64×64 显示屏的第 0 行～第 31 行动态扫描所对应的红、绿、蓝三色的串行数据，R2、G2、B2 对应的是 64×64 显示屏的第 32 行～第 63 行动态扫描所对应的红、绿、蓝三色的串行数据。［E D C B A］是 1/32 行扫对应的行地址线，分别对应于前面讨论中的［A4 A3 A2 A1 A0］，［CLK LE $\overline{\text{OE}}$］是列驱动电路所需的控制信号，与之前的讨论保持一致。考虑到控制接口引出的信号后面要带的驱动芯片较多，只通过单片机的输出管脚，其驱动能力可能不足，可以在控制接口的前端或后端增加一级总线缓冲器，以保证电路即使把多个 LED 模块级联，也具有足够的驱动能力。

本实例采用 8 位总线收发器 DP74HC245B 来实现上述总线缓冲，该芯片是一款三态输出、八路信号双向收发器，有两个控制端［DIR $\overline{\text{OE}}$］。其中，DIR 为数据流向控制端，当 DIR 为高电平时，数据流向为 $A{\rightarrow}B$；当 DIR 为低电平时，数据流向为 $B{\rightarrow}A$。$\overline{\text{OE}}$为输出状态控制端，高电平时，输出为高阻态；低电平时，数据正常传输。其芯片管脚定义图如图 6.9 所示。

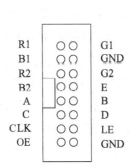

图 6.8　75E 接口定义图

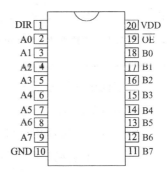

图 6.9　DP74HC245B 芯片管脚定义图

由于图 6.8 所示的 75E 接口中存在两组 RGB 数据线，共 6 条，［E D C B A］地址线共 5 条，外加［CLK LE $\overline{OE}$］控制线 3 条，合计 14 条信号线需要进行缓冲，使用两片 DP74HC245B 即可满足需要。具体的接口驱动电路如图 6.10 所示。

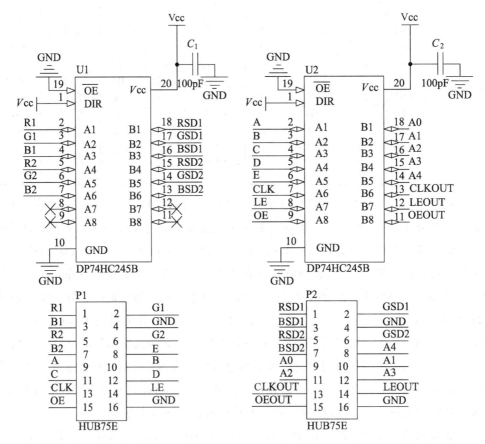

图 6.10　接口驱动电路

有了上述完整的电路设计后，接下来的任务是让驱动系统中的控制器产生所有扫描所需的地址、数据以及控制信号。本实例中，所有这些信号都是由 STM32 单片机，在软件系统的控制下，准确地产生它们。下一节将讨论控制器的软件设计。

6.3 控制器软件结构

经上节的分析，我们已经清楚了来自 75E 接口的 RGB 像素信号在时钟与行地址信号等的共同作用下，模块上可以实现图像的行列数据移位、锁存与电流驱动等扫描动作。由图 6.1 可知，LED 模组的 75E 接口信号是由单片机控制器产生的。STM32 单片机会把一些引脚分配给 75E 作为控制线、地址线及移位数据线，这些引脚在软件控制下产生扫描与数据移位时序。驱动系统还使用了两个图像帧存，它们是一片存储区域，存放着 LED 显示屏点阵上需要显示及更新的内容。

驱动系统的核心功能就是不断地把图像帧存中的内容通过行列扫描时序"映射"到 LED 显示屏上。因此，LED 屏上的每个像素是否点亮、以什么颜色点亮完全取决于帧存中对应存储位置上的内容（可以理解为对应的虚拟像素）。换言之，屏幕上的实像素与帧存中的虚拟像素之间是一一对应的。理论上讲，LED 屏上有多少个实像素，帧存中就需要多少个虚拟像素。例如，本例中 LED 显示模块的空间分辨率为 64×64，因此，帧存中同样会有 4 096 个像素与之对应。帧存中的虚拟像素所在的位置即是该像素的内存地址，然而一个内存地址所指定存储位置中的内容可以是一个二进制位（bit）、一个 8 位的字节（BYTE）、一个 16 位的字（WORD）或是一个 32 位的双字（DWORD），甚至是 64 位的四字（QWORD）。那么一个虚拟像素会占内存中的多少位呢？这取决于所要实现的实像素颜色深度，即在同一像素上需要显示多少种颜色。若是真彩色，则要求像素能显示 $2^{24} = 16\ 777\ 216$ 种颜色，通过红、绿、蓝三基色分别显示 256 灰度级的颜色经混色得到，意味着表达这样一个真彩色实像素至少需要三个字节来构成帧存中的一个虚拟像素，其中的每个字节分别用于表达当前像素颜色中的 RGB 分量。若是单色屏，实像素只有亮或不亮两种状态，虚拟像素仅需一个二进制位即可。上述例子表明，图像帧存所占内存的大小不仅与 LED 显示屏的空间分辨率有关，而且与像素的色彩深度有关。尽管本例采用的 LED 模块是全彩的，理论上讲可以在每个像素上产生高达一千七百万种以上的颜色，但为了便于理解与表述，我们将采用简化的扫描方案：每个像素取 RGB 三色混合，但每种颜色只取二进制取值——亮或灭。于是，RGB 三种颜色仅需要三个二进制位即可，它们用一个字节的低三位来表示，其余位不用，即 0bxxxxxBGR。这种方案中，每个虚拟像素在帧存中占一个字节，完整的一个帧存共使用 4 096 字节，它同样分成上、下两个分别为 2 048 的半帧，与 LED 模块硬件扫描的上、下半屏完全对应。这就说明了为什么图 6.1 所示的两个图像帧存都是 4 096 字节，使用双缓冲结构合计使用 8 192 个字节。

仅仅把单片机的某些端口连接到 75E 上是不够的，显示驱动必须在驱动软件控制下才能发挥作用，因此驱动软件的设计同样重要。驱动软件将包括：

（1）主程序模块：包括初始化与系统主循环。初始化将对 STM32 端口、定时器、中断等硬件初始化，对图像帧存以及系统中用到的控制标志等写入初始值，等等；系统主循环，以 30ms 的周期定时生成图像显示双缓冲结构中的更新帧数据，以实现屏幕汉字的滚动显示。

（2）定时器中断服务模块：这是 LED 屏扫描的核心模块，以 $312.5\mu s$ 的周期，从扫描帧中取出上、下半屏各一行 64 列图像像素值，产生移位时钟把像素值移入扫描电路的移位寄存器，移位结束后发出一行像素的锁定与显示指令。

6.3.1 主程序

本实例驱动软件的主程序主要完成两个任务：初始化及显示内容的滚动。本小节先对主程序的操作流程进行说明，然后给出驱动所用的数据流程图，说明主要会有哪些数据及由谁对它们进行传递或变换，在此基础上再说明初始化过程以及实现图像内容的滚动显示操作。

1. 主程序工作过程

其基本流程图如图 6.11 所示，STM32 上电后执行初始化操作，然后进入主循环，用于更新显示内容，以实现汉字"欢迎光临！"滚动显示。滚动显示每 30ms 将把显示内容左移一列，视觉感受到的显示图像从屏幕右边移入，从左边移出。要实现上述效果，需要把图像帧存中的内容也每 30ms 更新一次，把更新数据写进更新帧。主循环大多数时间都处于空闲状态，只有当 30ms 的更新周期到来且定时器中断服务程序已经释放出一个空闲帧存，才会执行生成帧的更新操作。因此，我们在流程中加了一个虚设的空闲操作，如果该显示屏还有其他功能要实现，可以放在这个位置进行。上述更新过程改变的是双缓冲结构中的更新帧，不会对正用于屏幕扫描的显示帧产生干扰，在完成更新一帧数据之后，将"更新帧就绪"标记置位，提示扫描模块下一帧滚动移位数据已经准备好，在完成当前显示帧扫描后可以执行显示帧与更新帧的切换。具体执行过程是在定时器中断服务程序中进行的，下一小节再详细说明。

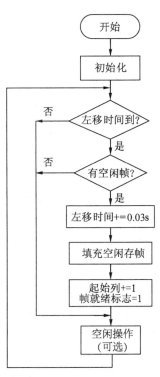

图 6.11 主程序流程图

2. 数据流图

驱动软件主要用到三个数据块，它们是系统状态数据块、显示模板数据块以及图像帧存。保存在这些数据区中的数据在程序执行过程中会经由不同的接口进行读取、变换或转移。描述数据操作或变换的方法之一是数据流图，本例中用到的数据流图如图 6.12 所示。

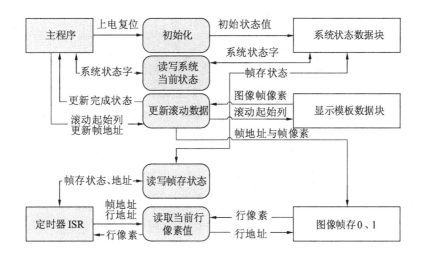

图 6.12　LED 驱动软件数据流图

系统状态数据块（System Data Block）用于保存一些重要的标志以及系统数据，它在单片机的 RAM 区进行分配，初始化操作会把所有的状态数据赋上确定的值，保证每次复位后系统必定处于完全可预测的状态。例如，为更新帧分配帧存状态字变量 UpdateReadyFlag，用来表示就绪或待写入；给图像行扫描分配的扫描行计数变量 RowCount，用于确定当前扫描到多少行，每次进入定时器的中断服务程序它就需要增量；为图像滚动控制分配的时钟计数变量 SysTicks，用于生成确定的左移速率；等等。总之，我们会把那些影响软件操作进程的系统数据放在其中，对于状态数据变量所包含的具体值就不再一一说明，读者可以参看后面的表 6.3 及后面所附的程序代码。

显示模板数据块（Display Pattern Data Block）中保存的是显示屏所要显示的点阵模板。本章一开始已经明确它有两部分：屏幕上半部分的"Welcome"保存在数据块的静态存储部分；屏幕下半部分滚动显示的汉字"欢迎光临！"保存在数据块的动态存储部分。实际上，显示模板数据块的内容设计好了便不再改变。因此，显示模板数据块在单片机的 Flash 闪存中分配。

显示缓冲区数据块是两个图像帧，在 RAM 中分配，是两块各为 4 096 字节的连续区域。根据本章开始的设计方案，图像帧的动态显示部分占 42 行，要从显示模板数据块中的动态数据存储部分取出当前滚动位置对应的 2 688 个字节数据进行动态填充；图像帧的剩余部分有 22 行，其中有连续的 19 行要从显示模板数据块中的静态数据存储部分取出"Welcome"所对应的 19 行×64 列共 1 216 个字节来填充；而图像帧中没有被用到的 2 行数据为初始化时的原始值 0。

上述数据流图除了展示这三个数据块外，还给出了两个数据接口：主程序及扫描定时器中断服务程序。同时也给出了接口对数据所进行的操作流程及所传递与变换的主要数据。例如，"主程序"（角色是接口）执行了"初始化"（角色是操作流程），把"初始状态值"（角色是所传递的数据）写入了"系统状态数据块"。读者可以仿照这种描述方法去理解上述数据流图中表示的每个数据读写或变换操作。了解这些对于接下来的说明是有帮助的。

3. 初始化

初始化模块是最先被执行的，主要用于建立单片机的初始工作状态、分配与配置片上资源，包括端口分配、定时器初始化、程序中所用标志与数据的初始化以及中断系统的初始化等。图 6.13 给出了驱动程序初始化流程图。初始化流程包括单片机端口初始化、定时器状态初始化、系统状态数据块初始化、图像帧存初始化、单片机中断系统初始化。完成上述初始化后，就可以启动定时器并允许中断，系统进入工作状态。

（1）初始化端口。

控制器需要产生硬件行列扫描电路所需要的控制与移位的像素数据，从上节关于硬件电路的说明已经得知，这是通过把单片机的某些端口信号加载到 75E 接口上实现的。因此，程序初始化的一个重要任务之一是恰当定义这些接口的输入/输出方式，STM32 与 75E 控制接口的连接如图 6.14 所示。

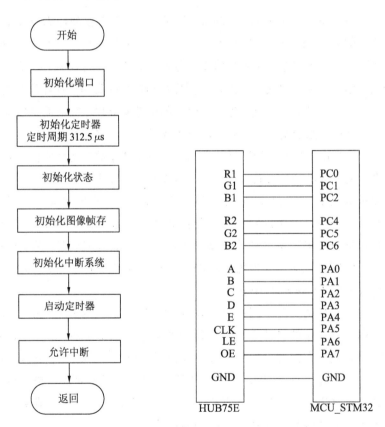

图 6.13 驱动程序初始化流程图   图 6.14 STM32 与 75E 控制接口的连接

我们把单片机 STM32 的 PC 口中的 6 位分配给了上、下半屏的列扫描移位像素值，每个像素的 RGB 各一条移位数据线。公用的控制信号都是通过单片机 STM 的 PA0～PA7 输出的，它们包括当前行地址（低 5 位），剩下的 3 位分别分配给列扫描移位时钟 CLK、移位寄存器锁存允许 LE 以及列输出允许 OE 这三个时钟与控制信号。把显示屏上、下半屏的两行像素的 RGB 信号组合在一起并被定义在同一端口上，这样做的好处是编程输出时只要执行一个端口操作指令就可以了。输出的行地址经硬件译码后会启动指定行的行驱动管。移位时钟的每一个时钟时期都会把 PC 口上输出的 RGB 像素值移入移位寄存器，完成一行数据的移位操作共需要在 PA5 上产生 64 个脉冲，PC 口上同步产生 64 个像素数据。完成一行的移位后，在 PA6（与 75E 行数据锁存允许引脚 LE 相连）上产生一个高电平，把已经移入上、下半屏所用的两组移位寄存器中的两行显示数据同时锁定。最后，把一个低电平加载到 PA7（与 75E 列输出允许引脚 OE 相连），使得已被锁存的两行数据被输出，点亮这行地址所指定的每一个 LED。

端口初始化时，需要把 PA 口与 PC 口都配置成输出口。

（2）定时器初始化。

STM32 单片机有多达 8 个定时器。这里选用定时器 3 产生准确的扫描时间基准。根据之前关于系统设计的描述，图像帧扫周期是 10ms，1/32 扫描方式意味着行扫周期是 312.5μs。定时器 3 将被初始化成每 312.5μs 产生一次中断，在中断服务程序中完成当前行的 64 列像素的列扫描。

定时器 3 的配置方法如下：STM32 单片机的晶振为 8MHz，系统时钟经过内部 PLL 倍频达到 72MHz。定时器 3 是一个有 16 位计数器的定时器，设计定时器采用基本计数功能，选择为向上计数模式，计数频率为 2MHz，故将其预分频器的分频系数设置为 36，自动重装载寄存器中存放计数器的最大计数值 625，并使能溢出更新中断，也就是当定时器的计数值超过 625 时，满足溢出条件，计数器溢出，从 0 开始计数，并产生更新事件触发中断。中断的时间间隔为 312.5μs。

（3）中断系统初始化。

如上所述，驱动系统软件使用定时器 3 中断服务程序进行行扫描，需要对中断系统初始化以便定时器 3 中断服务程序能正确调用。

中断系统初始化包含三个步骤：① 将定时器 3 中断加入中断向量表；② 指定定时器 3 的中断优先权；③ 允许定时器 3 中断请求。

（4）状态初始化。

为了便于控制程序的运行与各部分之间的交互，设计了一些程序标志，系统状态标志如表 6.3 所示。初始化过程就是要把这些标志设成表 6.3 中所示的值。

表 6.3　系统状态标志

系统状态字	初始值	变量说明
UpdateReadyFlag	0	更新帧准备好标志，值为 1，表示准备好；值为 0，表示未准备好
SysTicks	0	时钟计数，用于产生屏幕内容滚动显示所需的左移速率，每 312.5μs 变量值增 1
CurrentColumn	0	与更新帧对应的显示模板中的显示列起始值
RowCount	0	扫描行计数，用于确定当前扫描到多少行，每次进入定时器的中断服务程序变量值增 1

（5）图像帧存初始化。

图像帧存即为显示缓冲区数据块所定义的两个一维数组，一个作为显示帧存，一个作为更新帧存，是经过设计的双缓存结构，在使用过程中它们的作用会发生改变。初始化即把存放在 Flash 中的显示模板数据块的静态部分同时拷贝到两个图像帧存，它们是上半屏的"Welcome"，不需要进行滚动显示，因此以后也不再改变。显示模板数据块的动态部分的字模内容为"欢迎光临！"，将动态部分前面的 2 688 个字节拷贝到显示帧存的后 2 688 个字节，它们仅仅是"欢迎"两个汉字字模数据。所以，初始化完成后显示帧存上将保存有上半屏的"Welcome"与下半屏的"欢迎"，这也是初始看到的显示内容；更新帧存上仅保存有上半屏的"Welcome"。

4. 图像滚动显示

图像扫描是在定时器 3 中断服务程序中实现的，但它只是把存于帧存中的内容映射到 LED 屏上而已。初始化后，如果不做其他操作，将只能看到不变的"Welcome"与"欢迎"，而不是下半部从右到左滚动显示的"欢迎光临！"。我们需要不断更新图像帧存中的内容，以实现滚动显示。滚动显示的时序控制，前面主程序的流程中已经说明，这里不再重复。这里只说明如何把移动后的图像数据从显示模板数据块中进行定位并拷贝到更新帧上。

图 6.15 所示的是实现滚动显示的图像帧存更新原理，初始化后起始列 CurrentColumn 与汉字模板的起始列重合，每当 30ms 的滚动时间到，这个地址加 1，指向下一列。以 CurrentColumn 作为左边界，连续拷贝 64 个字节（一整行像素）到更新帧的第一行，即完成了一行数据的拷贝，然后指向显示模板上的下一行起始地址。下一行地址在哪里？从图 6.15

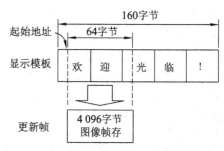

图 6.15　图像帧存更新示意图

可见，虚线所界定的当前显示图像的相邻两行的起始地址之差并不等于 64 个字节的图像宽度，而应该是 160 个字节的显示模板宽度。因此，程序中可以在 CurrentColumn 上加显示模块的宽度即 160 个字节，得到下一行图像的首地址，接着重复一次 64 个字节的拷贝，就把第二行数据复制完成。如此连续运行 42 次行拷贝，就把从当前起始地址开始的一个 42×64 的图像像素块拷贝到了更新帧，用于汉字滚动显示的下半部分了。等下一个 30ms 的滚动时间到，起始地址 CurrentColumn 再加 1，显示的图像又往后移一列。读者可以把上述过程直观理解成图像帧存中与汉字显示关联的是一个 42×64 的窗口，这个窗口以 30ms 一列的速率从显示模板上向右滑过，窗口所见的部分就是被显示到 LED 屏上的内容。需要注意的是，操作过程中每当地址触及显示模板右边界时，务必要回卷到左边界继续扫描。

6.3.2　定时器中断服务程序

驱动程序中定时器 3 的中断服务程序主要用于完成行列扫描以及一些附加的系统定时计数功能。

1. 可用像素颜色与帧存的存储分配

根据之前描述的简化扫描方案，每个像素 R、G、B 三色混合，每种颜色只用一位分别表示 R、G、B 三色是否被点亮，帧存中用一个字节的低三位表示这三个 R、G、B 位，即帧存中每个字节的 bit0～bit2 分别对应着 R、G、B 三色 LED 的亮灭，它们的不同组合总共能产生 8 种色彩，如表 6.4 所示。

表 6.4　显示屏颜色编码

颜色代码	颜色名称
0x00	黑色（BLACK）
0x01	红色（RED）
0x02	绿色（GREEN）
0x03	黄色（YELLOW）
0x04	蓝色（BLUE）
0x05	品红色（MAGENTA）
0x06	蓝绿色（CYAN）
0x07	白色（WHITE）

上述扫描方式产生的 LED 显示屏图像帧存规模是 4 096 字节，需要占用相同数量的内存资源。对于像 51 系列这样的低端单片机，片上存储空间十分有限，通常无法使用内部存储空间，必须扩展外部存储器用作帧存。这里采用的是 STM32 系列单片机，其片上随机存储器 RAM 和闪存 Flash 都有相对较大的容量，将直接使用片上 RAM 中的 4 096 个字节来构建示例所需的帧存而不用外扩存储器的方式。在驱动软件设计中，声明一个包含 4 096 个元素的一维字节数组来表示帧存，数组下标变化范围为 0～4 095，即 16 进制的 0x000～0xFFF，直接对应着显示屏上物理实像素的地址，如表 6.5 所示。

表 6.5　帧存地址与 LED 显示屏像素地址的对应关系

	0 列	1 列	2 列	…	61 列	62 列	63 列
0 行	0	1	2	…	61	62	63
1 行	64	65	66	…	125	126	127
⋮				…			
31 行	1 984	1 985	1 986	…	2 045	2 046	2 047
32 行	2 048	2 049	2 050	…	2 109	2 110	2 111
⋮				…			
62 行	3 968	3 969	3 970	…	4 029	4 030	4 031
63 行	4 032	4 033	4 034	…	4 093	4 094	4 095

从表6.5可以看出，若用行号R_x表示显示屏一帧图像沿水平方向的坐标，用列号C_y表示显示屏一帧图像沿垂直方向的坐标，作为帧存的一维数据的地址 Addr 与行号R_x、列号C_y之间的转换公式为

$$R_x = Addr/64（取整）$$

$$C_y = Addr\%64（求模）$$

举例来说，地址为 0 的字节则对应着图像坐标原点；地址为 1 343 的字节对应着显示屏上第 21 行、第 63 列，即上半屏最后的像素点；地址为 1 344 的字节对应着显示屏上第 22 行、第 0 列，即用于汉字显示的第一个像素位置。

2. 行扫描时钟、 行列扫描及帧刷新

行扫描时钟是在驱动软件初始化的时候就已确定，每当 STM32 发生定时器 3 中断，当前行的扫描时间到。把帧存里的行R_x（取值范围是 0～31）和行（$R_x + 32$）的数据（共 64×2 字节）以列扫描周期（即像素周期T_p）高速移入移位寄存器，然后在显示屏上点亮这两行。把行号R_x加 1，指向下一行，等下一个行扫描周期到来时重复上述过程，当$R_x = 32$，表明已经扫描了一帧，将它重新清零，回到图像的第 0 行，开始下一帧图像的刷新。行扫周期 0.312 5ms 由硬件定时器准确产生，以中断方式运行。列扫描是在行周期中断服务程序内直接以软件控制方式以最快的扫描速度实现的。图 6.16 给出了定时器 3 中断服务程序流程图。

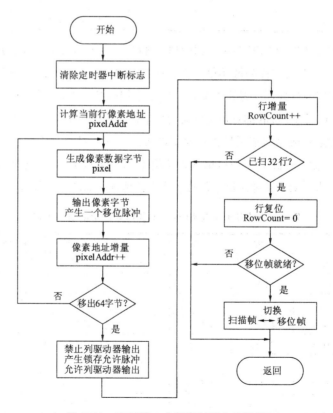

图 6.16　定时器 3 中断服务程序流程图

进入中断服务程序，首先需要清除中断标记。接着就可以开始当前行的 64 像素的列扫描了。取出当前行的计数值 RowCount，它对应着当前显示帧上当前行的起始地址 pixelAddress＝RowCount * 64，由于是上、下半屏同时扫描，因此需要根据当前列的像素地址把上、下半屏与该地址对应的两个像素都取出。75E 接口及本例中的端口设计都要求把对应的下半屏的两个像素合成一个字节并在单片机 STM32 的 PC 口上输出。具体做法是：把下半屏的字节左移 4 位后与上半屏的字节进行按位或合并，从而生成当前像素字节。这个包含了上、下半屏上两个像素 RGB 值的字节从 STM32 的 PC 口输出，它们将出现在 75E 的两组 RGB 数据线上。在 PA5 引脚上产生一个脉冲，上述 RGB 数据便移入硬件移位寄存器一位。如此重复 64 次，上、下半屏各有完整一行像素数据移入硬件移位寄存器。禁止列驱动器输出，锁存这一行，使能列驱动器，完成这一行的列扫描。

完成一行扫描后，行计数值 RowCount 增 1，然后需要做两个检查：一是有没有完成当前帧的扫描，即是不是完成了 32 行的扫描，如果没有完成，就继续下一行的扫描。二是若已经完成一帧，检查主程序上所做的用于实现滚动显示的更新帧是不是已经就绪，如果没有就绪，就继续当前显示帧的扫描，把行地址返回到当前显示帧头上；假如完成当前显示帧扫描后，发现更新帧已经就绪，则执行显示帧与更新帧的交换操作，把行地址指向新显示帧帧头，释放旧显示帧，并将它标识成更新帧，以便主程序可以把下一个滚动帧的内容填入。

定时器中断服务程序中还有一些附加的定时计数器，用于产生一个系统时间脉冲 SysTicks。每进入一次中断服务程序，总是把 SysTicks 进行增量，从而系统中就有一个每 312.5μs 加 1 的自由运行的时钟脉冲计数。它主要被用于实现每 30ms（即 SysTicks＝96）主程序执行帧存填充操作，把移动一列的新窗口内的显示数据写入更新帧。

6.3.3　驱动软件源代码

为了帮助读者自行重建本章的实例，我们在本节给出驱动程序的源代码，驱动程序用 C 语言编写，可以在 KeilC 编译系统中正常编译并下载到 STM32F103XXXX 单片机应用系统中正常运行。

源代码如下：

```
//main. C
#include "stm32f10x.h"
#include "misc.h"
#include "font.h"
#include "stdlib.h"
```

```
#define LINE_ADDR      GPIO_ReadOutputData(GPIOA)&0xFFE0;
                                    //定义显示屏首行地址
#define  HUB75_CLK_SET GPIO_SetBits(GPIOA,GPIO_Pin_5)
                                    //定义CLK信号置位
#define  HUB75_CLK_CLR GPIO_ResetBits(GPIOA,GPIO_Pin_5)
                                    //定义CLK信号复位
#define  HUB75_LE_SET GPIO_SetBits(GPIOA,GPIO_Pin_6)
                                    //定义LE信号置位
#define  HUB75_LE_CLR GPIO_ResetBits(GPIOA,GPIO_Pin_6)
                                    //定义LE信号复位
#define  HUB75_OE_SET GPIO_SetBits(GPIOA,GPIO_Pin_7)
                                    //定义OE信号置位
#define  HUB75_OE_CLR GPIO_ResetBits(GPIOA,GPIO_Pin_7)
                                    //定义OE信号复位


//定义像素点数据输出
#define DATAOUT(x) GPIO_Write(GPIOC,x);


//系统状态数据块初始化,定义系统状态变量
unsigned char UpdateReadyFlag=0;
unsigned char CurrentColumn=0;
unsigned int SysTicks=0;
unsigned char RowCount=0;


//显示模板中动态部分的数据块初始化,用于存放汉字字模转换的数据
unsigned char screenChnCntent[6720]={0};


//显示缓冲区数据块初始化,图像帧存采用双缓冲方式
unsigned char screen1[4096]={0}, screen2[4096]={0};
unsigned char *currentBuffer=screen1, *theOtherBuffer=screen2;


//显示屏扫描相关函数
void DisColumn(unsigned int I_line);
void Display(unsigned int I_bri);
void TIM3_IRQHandler(void);
```

```
//初始化相关函数
void NVIC_Configuration(void);
void TIM_Config(void);
void LED_Init(void);

//显示模板数据块准备相关函数
void prepareEngScreen(unsigned char row,unsigned char color);
void prepareChnScreen(unsigned char color);

int main(void)
{
    unsigned int i=0,j=0,color=3;
    LED_Init();
    prepareEngScreen(5,color);
    for(i=0;i<4096;i++)
        *(currentBuffer+i)= *(theOtherBuffer+i);
    prepareChnScreen(1);
    do
    {
        if(SysTicks>=96&&UpdateReadyFlag == 0)
        {
            SysTicks=0;
            for(i=0;i<42;i++)
            {
                for(j=0;j<64;j++)
                {
                    *(theOtherBuffer+1408+i*64+j)=
                    screenChnCntent[160*i+(CurrentColumn+j)%160];
                }
            }
            CurrentColumn++;
            if(CurrentColumn==160)
            {
                CurrentColumn=0;
                color=1+rand()%7;
            }
```

```
                UpdateReadyFlag=1;
            }
        prepareEngScreen(5,color);
    }while(1);
}


void prepareChnScreen(unsigned char color)
{
    unsigned char temp,t1,t,i;
    unsigned int pixel=0;
    for(i=0;i<42;i++)
    {
        for(t=0;t<20;t++)
        {
            temp=welcomeChn[i*20+t]];
            for(t1=0;t1<8;t1++)
            {
                if((temp|0x7F)==0xFF)
                    screenChnCntent[pixel++]=color;
                else
                    screenChnCntent[pixel++]=0;
                temp<<=1;
            }
        }
    }
}


void prepareEngScreen(unsigned char row,unsigned char color)
{
    unsigned char temp,t1,t,i;
    for(i=0;i<19;i++)
    {
        for(t=0;t<8;t++)
        {
            temp=welcomeEng[i*8+t];
            for(t1=0;t1<8;t1++)
```

```
        {
            if((temp|0x7F)==0xFF)
                *(theOtherBuffer+(row+i)*64+t*8+t1)=color;
            else
                *(theOtherBuffer+(row+i)*64+t*8+t1)=0;
            temp<<=1;
        }
    }
  }
}


void LED_Init(void)
{
    GPIO_InitTypeDefGPIO_InitStructure;

    RCC_APB2PeriphClockCmd(RCC_APB2Periph_GPIOA，ENABLE);
    RCC_APB2PeriphClockCmd(RCC_APB2Periph_GPIOC，ENABLE);
    //PC00~PC07 初始化为推挽输出
    GPIO_InitStructure.GPIO_Pin=GPIO_Pin_0|GPIO_Pin_1|GPIO_Pin_2|
                        GPIO_Pin_4|GPIO_Pin_5|GPIO_Pin_6;
    GPIO_InitStructure.GPIO_Mode=GPIO_Mode_Out_PP;
    GPIO_InitStructure.GPIO_Speed=GPIO_Speed_10MHz;
    GPIO_Init(GPIOC，&GPIO_InitStructure);
    //PA0~PA7 初始化为推挽输出
    GPIO_InitStructure.GPIO_Pin=GPIO_Pin_0|GPIO_Pin_1|GPIO_Pin_
        2|GPIO_Pin_3|GPIO_Pin_4|GPIO_Pin_5|GPIO_Pin_6|GPIO_Pin_7;
    GPIO_Init(GPIOA，&GPIO_InitStructure);
    GPIO_Write(GPIOA,0xFFE0);
    //初始化 PA 口输出,行地址初始值为第 0 行
    TIM_Config();                        //定时器 3 的初始化

}


void NVIC_Configuration(void)
{
    NVIC_InitTypeDefNVIC_InitStructure;
```

```
    //将定时器3中断放入中断向量表,并指定其中断优先权
    NVIC_InitStructure.NVIC_IRQChannel=TIM3_IRQn;
    NVIC_InitStructure.NVIC_IRQChannelPreemptionPriority=0;
    NVIC_InitStructure.NVIC_IRQChannelSubPriority=1;
    NVIC_InitStructure.NVIC_IRQChannelCmd=ENABLE;
    NVIC_Init(&NVIC_InitStructure);
}


void TIM_Config(void)
{
    TIM_TimeBaseInitTypeDefTIM_TimeBaseStructure;
    RCC_APB1PeriphClockCmd(RCC_APB1Periph_TIM3,ENABLE);
    NVIC_Configuration();
    TIM_TimeBaseStructure.TIM_Prescaler=35;
    TIM_TimeBaseStructure.TIM_Period=625;
    TIM_TimeBaseStructure.TIM_ClockDivision=0;
    TIM_TimeBaseStructure.TIM_CounterMode=TIM_CounterMode_Up;
    TIM_TimeBaseInit(TIM3,&TIM_TimeBaseStructure);
    TIM_ITConfig(TIM3,TIM_IT_Update,ENABLE);
    TIM_Cmd(TIM3,ENABLE);
}


void DisColumn(unsigned int I_line)
{
    unsigned char i;
    unsigned char Temp;
    unsigned int addr0,addr1;
    addr0=I_line*64;
    addr1=addr0+2048;
    i=0;
    for(i=0; i<64; i++)
    {
        Temp=(*(currentBuffer+(addr1++))<<4)|(*(currentBuffer+
            (addr0++))&0x07);
        HUB75_CLK_SET;
        DATAOUT(Temp);
```

```
        HUB75_CLK_CLR;
        __nop();
        HUB75_CLK_SET;
    }
}


void Display(unsigned int I_bri)
{
    unsigned int i=0;
    unsigned int ctrlV=LINE_ADDR;
    if(I_bri>1800) I_bri=1800;
    DisColumn(RowCount);
    GPIO_Write(GPIOA,ctrlV+RowCount);
    HUB75_LE_SET;
    __nop();
    HUB75_LE_CLR;
    HUB75_OE_CLR;
    for(i=0;i<I_bri;i++)
        {}   //保持 OE 低电平一段时间,使输出有效,LED 保持点亮
    HUB75_OE_SET;
}


void TIM3_IRQHandler(void)
{
    if(TIM_GetFlagStatus(TIM3,TIM_FLAG_Update) == SET)
    {
        //清除中断标志
        TIM_ClearFlag(TIM3,TIM_FLAG_Update);
        Display(1500);
        SysTicks++;
        RowCount++;
        if(RowCount==32)
        {
            RowCount=0;
            if(UpdateReadyFlag==1)
            {
```

```
                    if(currentBuffer==screen1)
                    {
                        currentBuffer=screen2;
                        theOtherBuffer=screen1;
                    }
                    else
                    {
                        currentBuffer=screen1;
                        theOtherBuffer=screen2;
                    }
                    UpdateReadyFlag=0;
                }
            }
        }
    }
//font.h

#ifndef __FONT_H
#define __FONT_H


//取模方式设置:阴码+逐行式+顺向+C51格式
//"Welcome"的字模
const unsigned char welcomeEng[152]={
    0x00,0x00,0x00,0x00,0x00,0x00,0x00,0x00,0x00,0x00,0x00,0x00,
    0x00,0x00,0x00,0x00,0x00,0x00,0x00,0x00,0x00,0x00,0x00,0x00,
    0x00,0x00,0x00,0x00,0x00,0x00,0x00,0x00,0x00,0x00,0x00,0x00,
    0x00,0x00,0x00,0x00,0x00,0x00,0x0C,0x00,0x00,0x00,0x00,0x00,
    0x00,0x00,0x0C,0x00,0x00,0x00,0x00,0x00,0x00,0x00,0x0C,0x00,
    0x00,0x00,0x00,0x00,0xCE,0x63,0xCC,0x3C,0x78,0xDD,0xC1,
    0xE0,0xCE,0x67,0xEC,0x7C,0xFC,0xFF,0xE3,0xF0,0x4E,0x6C,
    0x6C,0xE1,0x8C,0xCE,0x66,0x30,0x7B,0xCF,0xEC,0xC1,0x8C,
    0xCE,0x67,0xF0,0x7B,0xCC,0x0C,0xC5,0x8C,0xCE,0x66,0x00,
    0x33,0xCF,0xCC,0x7D,0xF8,0xCE,0x67,0xE0,0x31,0x87,0xCC,
    0x3C,0xF0,0xCE,0x63,0xE0,0x00,0x00,0x00,0x00,0x00,0x00,0x00,
    0x00,0x00,0x00,0x00,0x00,0x00,0x00,0x00,0x00,0x00,0x00,0x00,
    0x00,0x00,0x00,0x00,0x00,0x00,0x00,0x00,0x00,0x00,0x00,
```

```
        0x00,0x00
};    //宽度60像素,高度19像素,宽度字节数8
//汉字"欢迎光临!"的字模
const unsigned char welcomeChn[840]={
        0x00,0x00,0x00,0x00,0x00,0x00,0x00,0x00,0x00,0x00,0x00,0x00,
        0x00,0x00,0x00,0x00,0x00,0x00,0x00,0x00,0x00,0x00,0x00,0x00,
        0x00,0x00,0x00,0x00,0x00,0x00,0x00,0x00,0x00,0x00,0x00,0x00,
        0x00,0x00,0x00,0x00,0x00,0x00,0x00,0x00,0x00,0x00,0x00,0x00,
        0x00,0x00,0x00,0x00,0x00,0x00,0x00,0x00,0x00,0x00,0x00,0x00,
        0x00,0x00,0x00,0x00,0x00,0x00,0x00,0x00,0x00,0x00,0x00,0x00,
        0x00,0x00,0x00,0x00,0x00,0x00,0x00,0x00,0x00,0x00,0x00,0x00,
        0x00,0x00,0x00,0x00,0x00,0x00,0x00,0x00,0x00,0x00,0x00,0x00,
        0x00,0x00,0x00,0x00,0x00,0x00,0x00,0x00,0x00,0x00,0x00,0x00,
        0x00,0x00,0x00,0x00,0x00,0x00,0x00,0x00,0x00,0x00,0x00,0x00,
        0x00,0x00,0x00,0x00,0x00,0x00,0x00,0x00,0x00,0x00,0x00,0x00,
        0x00,0x00,0x00,0x00,0x00,0x00,0x00,0x00,0x00,0x00,0x00,0x00,
        0x00,0x00,0x00,0x00,0x00,0x00,0x00,0x00,0x00,0x00,0x00,0x00,
        0x00,0x00,0x00,0x00,0x00,0x00,0xF0,0x00,0x00,0x00,0x00,0x00,
        0x00,0x07,0xC0,0x00,0x01,0xE0,0x60,0x00,0x00,0x00,0x00,0x00,
        0x00,0x00,0xF0,0x00,0x08,0x00,0x80,0x00,0x00,0x07,0xC0,0x00,
        0x01,0xE0,0x78,0x00,0x07,0xC0,0x00,0x00,0x00,0x00,0xF0,0x00,
        0x3C,0x07,0xC0,0x00,0x04,0x07,0xC0,0x60,0x01,0xE0,0xF8,0x00,
        0x07,0xC0,0x00,0x00,0x7F,0xF9,0xF0,0x00,0x7E,0x3F,0xDF,
        0xFC,0x0E,0x07,0xC0,0x70,0x39,0xE1,0xF0,0x00,0x07,0xC0,0x00,
        0x00,0x7F,0xF9,0xF0,0x00,0x3E,0x3F,0xFF,0xFC,0x1F,0x07,
        0xC0,0xF8,0x39,0xE1,0xFF,0xFE,0x07,0xC0,0x00,0x00,0x7F,
        0xF1,0xFF,0xFE,0x1F,0x3F,0x9F,0xFC,0x1F,0x87,0xC1,0xF8,
        0x39,0xE3,0xFF,0xFE,0x07,0xC0,0x00,0x00,0x7F,0xF1,0xFF,
        0xFE,0x0F,0xBE,0x1F,0xFC,0x0F,0xC7,0xC3,0xF0,0x39,0xE3,
        0xFF,0xFE,0x07,0xC0,0x00,0x00,0x00,0xF3,0xFF,0xFE,0x0E,
        0x3E,0x1E,0x3C,0x07,0xE7,0xC7,0xE0,0x39,0xE7,0xFF,0xFE,
        0x07,0xC0,0x00,0x00,0x00,0xF3,0xFF,0xFE,0x04,0x3E,0x1E,
        0x3C,0x03,0xE7,0xC7,0xC0,0x39,0xEF,0x8C,0x00,0x07,0xC0,
        0x00,0x00,0x10,0xF7,0xC0,0x1E,0x00,0x3E,0x1E,0x3C,0x01,0xC7,
        0xC3,0x80,0x39,0xFF,0x9E,0x00,0x07,0xC0,0x00,0x00,0x78,0xF7,
        0xC0,0x3C,0x00,0x3E,0x1E,0x3C,0x00,0x87,0xC1,0x00,0x39,0xFF,
```

0x1F,0x80,0x03,0xC0,0x00,0x00,0x7C,0xF7,0x9E,0x3C,0x7F,0x3E,
0x1E,0x3C,0x00,0x07,0xC0,0x00,0x39,0xEE,0x0F,0xC0,0x03,
0xC0,0x00,0x00,0x3F,0xFF,0x9E,0x3C,0x7F,0x3E,0x1E,0x3C,
0x7F,0xFF,0xFF,0xFE,0x39,0xE2,0x07,0x80,0x03,0xC0,0x00,
0x00,0x3F,0xE7,0x1E,0x1C,0x7F,0x3E,0x1E,0x3C,0x7F,0xFF,
0xFF,0xFE,0x39,0xE0,0x03,0x00,0x03,0xC0,0x00,0x00,0x1F,0xE1,
0x1E,0x00,0x7F,0x3E,0x1E,0x3C,0x7F,0xFF,0xFF,0xFE,0x39,
0xE7,0xFF,0xFE,0x03,0xC0,0x00,0x00,0x0F,0xE0,0x1E,0x00,
0x0F,0x3E,0x5E,0x3C,0x7F,0xFF,0xFF,0xFE,0x39,0xE7,0xFF,
0xFE,0x03,0xC0,0x00,0x00,0x0F,0xE0,0x1E,0x00,0x0F,0x3F,
0xDE,0x3C,0x00,0x7C,0x7C,0x00,0x39,0xE7,0xFF,0xFE,0x03,
0xC0,0x00,0x00,0x07,0xC0,0x3F,0x00,0x0F,0x3F,0xDE,0x3C,
0x00,0x78,0x7C,0x00,0x39,0xE7,0x8F,0x1E,0x03,0xC0,0x00,0x00,
0x07,0xC0,0x3F,0x00,0x0F,0x3F,0xDF,0xFC,0x00,0xF8,0x7C,
0x10,0x39,0xE7,0x8F,0x1E,0x00,0x00,0x00,0x00,0x07,0xE0,0x3F,
0x80,0x0F,0x3F,0xDF,0xFC,0x00,0xF8,0x7C,0x1E,0x39,0xE7,
0x8F,0x1E,0x00,0x00,0x00,0x00,0x0F,0xF0,0x7F,0x80,0x0F,0x7F,
0x9E,0xF8,0x00,0xF8,0x7C,0x1E,0x39,0xE7,0x8F,0x1E,0x00,0x00,
0x00,0x00,0x1F,0xF0,0x7B,0xC0,0x0F,0x3C,0x1E,0xF0,0x01,
0xF8,0x7C,0x1E,0x39,0xE7,0x8F,0x1E,0x03,0xC0,0x00,0x00,0x3F,
0xF8,0xFB,0xE0,0x0F,0x10,0x1E,0x00,0x01,0xF8,0x7C,0x3E,
0x39,0xE7,0x8F,0x1E,0x07,0xE0,0x00,0x00,0x7E,0x71,0xF1,0xE0,
0x1F,0x00,0x1E,0x00,0x03,0xF0,0x7C,0x3E,0x39,0xE7,0x8F,0x1E,
0x07,0xE0,0x00,0x00,0x7E,0x63,0xF1,0xF8,0x3F,0x00,0x1E,0x00,
0x07,0xF0,0x7C,0x3E,0x39,0xE7,0x8F,0x1E,0x07,0xE0,0x00,0x00,
0x7C,0x07,0xE0,0xFC,0x7F,0xC0,0x00,0x00,0x0F,0xE0,0x7C,
0x3E,0x39,0xE7,0x8F,0x1E,0x03,0xC0,0x00,0x00,0x78,0x1F,0xC0,
0x7E,0x7F,0xFF,0xFF,0xFE,0x3F,0xC0,0x7F,0xFC,0x39,0xE7,
0xFF,0xFE,0x00,0x00,0x00,0x00,0x30,0x3F,0x80,0x3E,0x7B,
0xFF,0xFF,0xFE,0x7F,0x80,0x3F,0xFC,0x39,0xE7,0xFF,0xFE,
0x00,0x00,0x00,0x00,0x20,0x1F,0x00,0x1C,0x70,0xFF,0xFF,0xFE,
0x3F,0x00,0x3F,0xF8,0x01,0xE7,0xFF,0xFE,0x00,0x00,0x00,0x00,
0x00,0x0E,0x00,0x08,0x20,0x3F,0xFF,0xFC,0x1E,0x00,0x0F,
0xF0,0x01,0xE7,0x80,0x1E,0x00,0x00,0x00,0x00,0x00,0x04,0x00,
0x00,0x20,0x00,0x00,0x00,0x18,0x00,0x00,0x00,0x01,0xE7,0x80,
0x1E,0x00,0x00,0x00,0x00,0x00,0x00,0x00,0x00,0x00,0x00,0x00,

```
0x00,0x00,0x00,0x00,0x00,0x00,0x00,0x00,0x00,0x00,0x00,0x00,
0x00,0x00,0x00,0x00,0x00,0x00,0x00,0x00,0x00,0x00,0x00,0x00,
0x00,0x00,0x00,0x00,0x00,0x00,0x00,0x00,0x00,0x00,0x00,0x00,
0x00,0x00,0x00,0x00,0x00,0x00,0x00,0x00,0x00,0x00,0x00,0x00,
0x00,0x00,0x00,0x00,0x00
```
};//宽度 160 像素,高度 42 像素,宽度字节数 20

#endif

6.4　本章小结

　　本章讨论了一个实际应用,即中英文显示的欢迎屏,汉字部分采用滚动显示方式,目标 LED 显示屏是一个 64×64 的全彩屏。本章给出了驱动这样一个屏的全部硬件实现电路以及驱动软件,对显示屏设计中常用的一些方法做了比较详细的说明,包括双缓冲图像帧存、滚动显示的映射方法等。

LED 的单片机控制实例

本章主要通过几个 LED 应用实例，介绍利用单片机实现 LED 亮度调节、自动开关、定时闪烁等控制技术。

7.1　LED 彩灯控制

本系统通过按键控制 LED 彩灯在 4 种工作模式间切换，LED 亮度分为四个等级，调节电位器，可以控制 LED 的亮度、数码显示工作模式与亮度等级。LED 彩灯控制框图如图 7.1 所示。

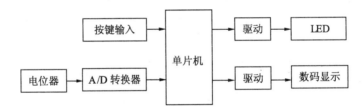

图 7.1　LED 彩灯控制框图

7.1.1　硬件设计

单片机采用的是 STC 公司的 IAP15F2K61S2，它是增强版的 8051 单片机，内部的定时器具有 16 位自动重装初值功能。A/D 转换器采用 PCF8591，它是 IIC 接口的 8 位 A/D 转换器，驱动部分用 74HC573，接口电路如图 7.2、图 7.3 所示。P3.0～P3.3 接 4 个按键开关，P2.0、P2.1 接 PCF8591 的时钟线、数据线，锁存器 U3 用来控制 LED，U4 和 U5 分别控制数码管的段选和位选。

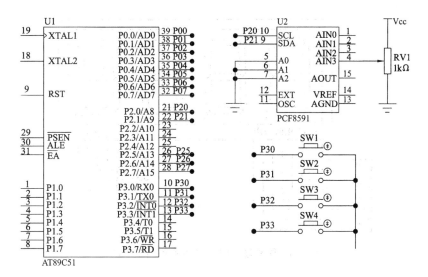

图 7.2　按键、PCF8591 与单片机接口电路

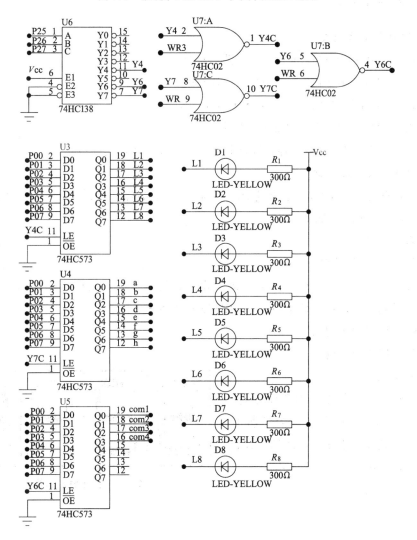

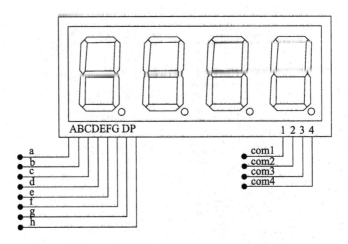

图 7.3　数码管、LED 与单片机接口电路

7.1.2　软件设计

1. LED 的工作模式

模式 1：D1→D2→D3→…→D8，循环点亮。

模式 2：D8→D7→D6→…→D1，循环点亮。

模式 3：D1D8→D2D7→D3D6→D4D5，顺序点亮。

模式 4：D4D5→D3D6→D2D7→D1D8，顺序点亮。

四种模式下，循环点亮的间隔时间均为 400ms，LED 亮度可调。

2. LED 亮度等级控制

通过检测电位器 RV1 的输出电压，控制 LED 的亮度，可以在 0～5V 内实现 4 个均匀分布的 LED 亮度等级。

3. 按键功能

SW1：启动/停止键。

SW2：模式设置键，按下后可以进入模式设置，数码管的模式位以 800ms 间隔亮灭。设置完成后，再次按下该键，LED 以所选模式工作。

SW3：模式加 1 键。

SW4：模式减 1 键。

4. 数码显示

数码管显示工作模式和亮度等级。如图 7.4 所示，左边第 2 位为当前工作模式，右边第 1 位指示当前的 LED 亮度等级，4 级最亮，1 级最暗。

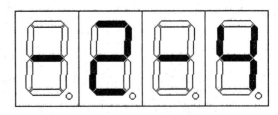

图 7.4　数码管显示格式

7.1.3　基于 PWM 的 LED 亮度控制

LED 亮度控制方法主要有两种：一是改变驱动电流；二是通过脉宽调制。本系统采用第二种方法，根据电位器输入电压值的不同，改变送给 LED 的信号占空比，从而调节 LED 亮度。

本系统将亮度划分成四个等级，电路中，端口输出低电平 LED 亮，输出高电平 LED 灭，因此低电平与高电平的脉宽比例分别为 1∶4、1∶2、3∶4、1∶1，调节 LED 由暗变亮。

7.1.4　PCF8591 的 IIC 总线读写操作

1. PCF8591 简介

IIC 总线包括两条双向串行线、一条数据线 SDA、一条时钟线 SCL。SDA 传输数据是大端传输，每次传输 8bit，即 1 字节。支持多主控（multimastering），任何时间点只能有一个主控。总线上每个设备都有自己的一个地址，共 7 个 bit，广播地址全为 0。系统中可能有多个同种芯片，为此地址分为固定部分和可编程部分，视芯片而定。

PCF8591 是单片、单电源、低功耗、8 位 CMOS 数据采集器件，具有 4 个模拟输入、1 个输出和 1 个串行 IIC 总线接口。3 个地址引脚 A0、A1 和 A2 用于编程硬件地址，允许将最多 8 个器件连接至 IIC 总线而不需要额外硬件。器件的地址、控制和数据通过两线双向 IIC 总线传输。

2．PCF8591 的设备地址及控制字

IIC 总线系统中的每一片 PCF8591 通过控制器发送有效地址到该器件来激活。在 IIC 总线协议中地址必须是起始条件后作为第一个字节发送。PCF8591 的地址字节如图 7.5 所示，D7～D4 是固定部分，D3、D2、D1 是可编程部分，D0 是读/写控制位 R/W。当 R/W＝0 时，执行写操作；当 R/W＝1 时，执行读操作。

D7	D6	D5	D4	D3	D2	D1	D0
1	0	0	1	A2	A1	A0	R/W

图 7.5　PCF8591 的地址字节

发送到 PCF8591 的第二个字节将被存储在控制寄存器，用于控制器件功能，如图 7.6 所示。当 D6 等于 1 时，允许模拟输出。D5D4 为模拟输入方式控制位，当 D5D4 等于 00 时，为单端输入；当 D5D4 不等于 00 时，为差分输入。D2 为自动增量标志，置 1，每次 A/D 转换后通道号将自动增加。D1D0 为模拟量输入通道选择位。

D7	D6	D5	D4	D3	D2	D1	D0
0	x	x	x	0	x	x	x

图 7.6　PCF8591 控制字格式

3. PCF8591 的读写操作协议

PCF8591 的读操作遵循如下协议：启动、写设备地址和写命令、写控制字、停止、启动、写设备地址和读命令、读数据、停止。

PCF8591 的写操作遵循如下协议：启动、写设备地址和写命令、写控制字、停止。

启动与停止的条件：数据和时钟线在不忙时保持高电平。当时钟为高电平时，数据线上的一个由高到低的变化被定义为开始条件；当时钟为高电平时，数据线上的一个由低到高的变化被定义为停止条件。

7.1.5 软件流程及源代码

1. 主程序

主程序流程图如图 7.7 所示。主程序首先关闭 LED 和数码显示，初始化定时器 0，定时时间为 1ms，然后判断按键 SW1 是否按下，若 SW1 按下，系统进入设置状态，在设置状态下，可以设置工作模式，设置结束后，系统根据工作模式控制 LED 的工作状态，并根据 A/D 转换器的输入电压，调节 PWM 的占空比，控制 LED 亮度。

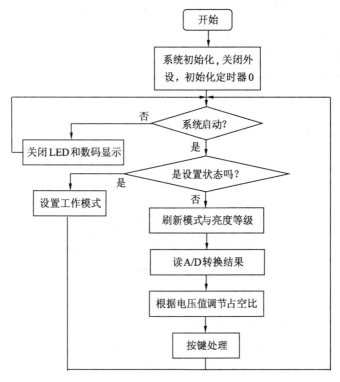

图 7.7 主程序流程图

2. 定时器中断子程序

每 1ms 执行一次定时器中断子程序，刷新一位数码显示；每 15ms 扫描一次按键；每 400ms，LED 流转一位；每 800ms，设置状态位取反一次。

3. 按键扫描子程序

按键扫描子程序用来识别按键，返回按键编号。首先定义一个按键标志 key_st=0，然后判断是否有闭合键，若没有，直接返回；若有，key_st=1。当 key_st=1 时，若再次检测到按键闭合，则 key_st=2，同时，获取按键编号。当 key_st=2 时，等待按键释放。

4. 按键处理子程序

按键处理子程序主要根据按键编号，修改相应的状态变量值。SW1 闭合，对应状态变量取反；SW2 闭合，对应状态变量取反；SW3 闭合，对应状态变量加 1，最大为 4；SW4 闭合，对应状态变量减 1，最小为 1。

5. LED 控制子程序

根据工作模式，控制 LED 在四种不同状态下工作。当模式值为 1 时，LED 从左到右依次点亮；当模式值为 2 时，LED 从右到左依次点亮；当模式值为 3 时，LED 从中间到两边依次点亮；当模式值为 4 时，LED 从两边到中间依次点亮。

源代码如下：

```
#include "reg52.h"
#include "iic.h"
#include "intrins.h"
code unsigned chardspcode[]={0xc0,0xf9,0xa4,0xb0,0x99,0x92,0x82,
    0xf8,0x80,0x90,0xff,0xbf,0xc6};
unsigned charbitCom=0;
unsigned charbitled=0;
unsigned char dspbuffer[4]={0};
unsigned char LED1[8]={0xfe,0xfd,0xfb,0xf7,0xef,0xdf,0xbf,0x7f};
unsigned char LED2[8]={0x7f,0xbf,0xdf,0xef,0xf7,0xfb,0xfd,0xfe};
unsigned char LED3[4]={0x7e,0xbd,0xdb,0xe7};
unsigned char LED4[4]={0xe7,0xdb,0xbd,0x7e};
unsigned charad_value=0;
unsigned int ms1=0;
unsigned int ms2=0;
unsigned int ms3=0;
unsigned char pwm_value=2;
unsigned char pwm_counter=0;
bit flag_ms3=0;
unsigned char key_val=0;
bit s7_state=0;
```

```c
unsigned char s6_state=1, s6_st=0;
unsigned char s5_state=0;
unsigned char s4_state=0;
unsigned char led_level=1, led;
sfr AUXR=0x8E;
//定时器初始化,定时时间1ms
void Timer0Init(void)          //1ms,@11.0592MHz
{
    AUXR|=0x80;
    TMOD &=0xF0;
    TL0=0xCD;
    TH0=0xD4;
    TF0=0;
    TR0=1;
}


void sys_init(void)
{
    P2=((P2&0x1f)|0x80);
    P0=0xff;
    P2 &=0x1f;
    Timer0Init();
    ET1=0;
    ET0=1;
    EA=1;
}


void Delay10us()               //@11.0592MHz
{
    unsigned char i;
    _nop_();
    i=25;
    while(--i);
}


void init_pcf8591(unsigned char channel)
```

```
{
    IIC_Start();
    IIC_SendByte(0x90);
    IIC_WaitAck();
    IIC_SendByte(channel);
    IIC_WaitAck();
    IIC_Stop();
    Delay10us();
}

unsigned char read_pcf8591(void)
{
    unsigned char temp;

    IIC_Start();
    IIC_SendByte(0x91);
    IIC_WaitAck();
    temp=IIC_RecByte();
    IIC_Ack(0);
    IIC_Stop();
    return temp;
}

void display(void)
{
    P2=((P2&0x1f)|0xe0);
    P0|=0xff;
    P2&= 0x1f;
    P2=((P2&0x1f)|0xc0);
    P0=1<<bitCom;
    P2=0x1f;
    P2=((P2&0x1f)|0xe0);
    P0=dspcode[dspbuffer[bitCom]];
    P2&=0x1f;
    if(++bitCom == 4)
    {
```

```
            bitCom=0;
        }
    }


//按键扫描
void scan_key(void)
{
    static unsigned char key_st=0;
    switch(key_st)
    {
        case 0:
            if((P3&0x0F) !=0x0F)
            {
                key_st=1;
            }
            break;
        case 1:
            if((P3&0x0F)! =0x0F)
            {
                key_st=2;
                if((P3&0x0F)==0x0E) key_val=1;
                else if((P3&0x0F)==0x0D) key_val=2;
                else if((P3&0x0F)==0x0B) key_val=3;
                else if((P3&0x0F)==0x07) key_val=4;
            }
            else
            {
                key_st=0;
            }
            break;
        case 2:
            if((P3&0x0F) == 0x0F)
            {
                key_st=0;
            }
            else
```

```
            {
                ;
            }
            break;
    }
}


//按键处理
void key_process(void)
{
    switch(key_val)
    {
        case 1:
            s7_state=~s7_state;
            key_val=0;
            break;
        case 2:
            if(++s6_st==2)
            {
                s6_st=0;
            }
            key_val=0;
            break;
        case 3:
            if(s6_st==1)
            {
                if(++s6_state==5)
                {
                    s6_state=4;
                }
            }
            key_val=0;
            break;
        case 4:
            if(s6_st==1)
            {
```

```
                    if(——s6_state==0)
                    {
                        s6_state—1;
                    }
                }
        else
        {
            P2=((P2&0x1f)|0x80);
            P0=0xff;
            P2&=0x1f;
        }
        key_val=0;
        break;
    }
}


//LED 控制
void LED_Control(unsigned char mod)
{
    if(mod==1)
    {
        P2=((P2&0x1f)|0x80);
        P0=LED1[bitled];
        led=LED1[bitled];
        P2 &=0x1f;
        if(++bitled==8)
        {
            bitled=0;
        }
    }
    else if(mod==2)
    {
        P2=((P2&0x1f)|0x80);
        P0=LED2[bitled];
        led=LED2[bitled];
        P2&=0x1f;
```

```
            if(++bitled==8)
            {
                bitled=0;
            }
        }
        else if(mod==3)
        {
            P2=((P2&0x1f)|0x80);
            P0=LED3[bitled];
            led=LED3[bitled];
            P2&=0x1f;
            if(++bitled>=4)
            {
                bitled=0;
            }
        }
        else
        {
            P2=((P2&0x1f)|0x80);
            P0=LED4[bitled];
            led=LED4[bitled];
            P2 &=0x1f;
            if(++bitled>=4)
            {
                bitled=0;
            }
        }
}


//主程序
void main(void)
{
    unsigned charad_value;
    sys_init();
    while(1)
    {
```

```c
if(s7_state==0)
{
    P2=((P2&0x1f)|0x80);
    P0=0xff;
    P2&=0x1f;
    dspbuffer[0]=10;
    dspbuffer[1]=10;
    dspbuffer[2]=10;
    dspbuffer[3]=10;
}
else
{
if(s6_st==1)
{
    if(flag_ms3==0)
    {
        dspbuffer[0]=11;
        dspbuffer[1]=s6_state;
        dspbuffer[2]=11;
        dspbuffer[3]=10;
    }
    else
    {
        dspbuffer[0]=10;
        dspbuffer[1]=10;
        dspbuffer[2]=10;
        dspbuffer[3]=10;
    }
}
else
{
    dspbuffer[0]=11;
    dspbuffer[1]=s6_state;
    dspbuffer[2]=11;
    dspbuffer[3]=led_level;
```

```
            init_pcf8591(0x03);
            ad_value=read_pcf8591();
            if(ad_value<=0x1f)        {led_level=1;}
            else if(ad_value<=0x3f)   {led_level=2;}
            else if(ad_value<=0x7f)   {led_level=3;}
            else                      {led_level=4;}
            if(led_level==1)          pwm_value=2;
            else if(led_level==2)     pwm_value=4;
            else if(led_level==3)     pwm_value=6;
            else if(led_level==4)     pwm_value=8;
            if(++pwm_counter <= pwm_value)
            {
                P2=((P2&0x1f)|0x80);
                P0=led;
                P2&=0x1f;
            }
            else
            {
                P2=((P2&0x1f)|0x80);
                P0=0xff;
                P2 &=0x1f;
                if(pwm_counter==9)
                {
                    pwm_counter=1;
                }
            }
        }
    }
        key_process();
    }
}


//定时器 0 中断服务函数
void isr_timer(void) interrupt 1
{       //数码管 1ms 显示一位
    display();
```

```
    //按键每15ms扫描一次
if(++ms1==15)
{
        ms1=0;
        scan_key();
}
//显示间隔400ms
if(++ms2==400)
{
        ms2=0;
        if(s6_st==0)
        {
                LED_Control(s6_state);
        }
}
//设置模式,间隔800ms闪烁
if(++ms3==800)
{
        ms3=0;
        flag_ms3=~flag_ms3;
}
}
```

7.2　LED 路灯的自动开关控制

路灯会根据环境光强自动开关,天黑灯亮,天亮灯灭。本系统模拟实现了该应用,LED 自动开关控制系统结构如图 7.8 所示。光敏电阻的阻值随环境光强变化而变化,A/D 转换器的输入电压亦随之变化,单片机读取 A/D 转换结果,并显示在数码管上,当 A/D 转换结果超过给定的阈值时,继电器吸合,LED 点亮。

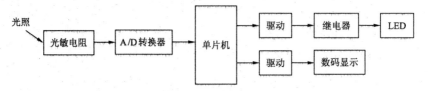

图 7.8　LED 自动开关控制系统结构

7.2.1　硬件设计

单片机采用的同样是 STC 公司的
IAP15F2K61S2,本系统中数码显示接口与图
7.3 相同,A/D 转换器 PCF8591 与单片机接口
电路同图 7.2。光敏电阻 LDR1 连接到
PCF8591 的通道 1,其连接电路如图 7.9 所示。

继电器与 LED、单片机的接口电路如图
7.10 所示。ULN2003 用作继电器驱动。
ULN2003 是 7 路反相器,输入 5V TTL 电

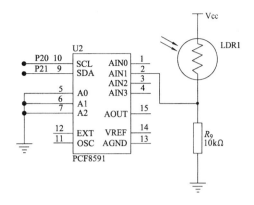

图 7.9　光敏电阻 LDR1 连接电路

平,能与 TTL 和 CMOS 电路直接相连,输出可达 500mA/50V。它是高压大电流达林
顿晶体管阵列系列产品,具有电流增益高、工作电压高、温度范围宽、带负载能力强等特
点,适应于各类要求高速大功率驱动的系统。

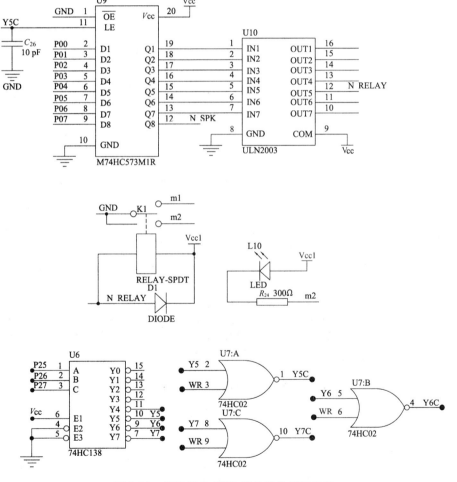

图 7.10　继电器与 LED、单片机的接口电路

当 P27P26P25＝101 时,P0 口数据可以输出到继电器,控制 LED 亮灭。当 P04 为 1 时,LED 亮,反之,LED 灭。

7.2.2 控制程序设计

1. 主程序

主程序流程图如图 7.11 所示。首先初始化定时器 0,关闭 LED。定时时间达到 200ms,启动 A/D 转换。A/D 转换结果与环境光强变化呈线性关系,环境光强较亮, A/D 转换结果值较大;反之,A/D 转换结果值较小。可通过实验设定一个阈值,当环境光线较强时,关闭 LED;当环境光线变暗时,A/D 转换结果值变小,若小于阈值,使继电器吸合,点亮 LED。

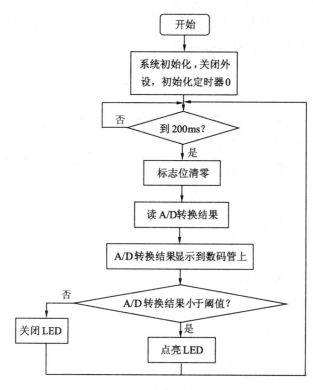

图 7.11 主程序流程图

2. 定时器 0 中断服务程序

定时器 0 中断服务程序主要完成重新给 TH0、TL0 寄存器赋初值,数码显示 1 位数据,定时时间到 200ms 时,设置标志位 flag200ms 为 1。

源代码如下:

```
#include "reg52.h"
#include "iic.h"
#include "intrins.h"
```

```c
code unsigned char tab[]={ 0xc0,0xf9,0xa4,0xb0,0x99,0x92,0x82,0xf8,
    0x80,0x90,0xff,0x7f };
unsigned char dspbuf[8]={10,10,10,10,10,0,0,0};
unsigned char dspcom=0;
bit    flag200ms=0;
sbit P04=P0^4;
sbit P06=P0^6;
unsigned char ms1;
//定时器 0 初始化函数,晶振 12MHz,定时 1ms
void Timer0Init(void)
{
    TMOD &=0xF0;
    TMOD |=0x01;
    TL0=0x18;
    TH0=0xFC;
    TF0=0;
    TR0=1;
}


void sys_init(void)
{
    P2=((P2&0x1f)|0xa0);        //关闭外设
    P0 &=0x00;
    P2 &=0x1f;
    P2=((P2&0x1f)|0x80);
    P0=0xff;
    P2 &=0x1f;
    Timer0Init();
    ET0=1;
    EA=1;
}


void Delay10us()
{
    unsigned char i;
    _nop_();
```

```
        i=25;
        while(——i);
}


void init_pcf8591(unsigned char channel)
{
        IIC_Start();
        IIC_SendByte(0x90);
        IIC_WaitAck();
        IIC_SendByte(channel);
        IIC_WaitAck();
        IIC_Stop();
        Delay10us();
}


unsigned char read_pcf8591(void)
{
        unsigned char temp;
        IIC_Start();
        IIC_SendByte(0x91);
        IIC_WaitAck();
        temp=IIC_RecByte();
        IIC_Ack(0);
        IIC_Stop();
        return temp;
}


void display(void)
{
        P2=((P2&0x1f)|0xe0);
        P0=0xff;
        P2 &=0x1f;
        P2=((P2&0x1f)|0xc0);
        P0=(1<<dspcom);
        P2 &=0x1f;
        P2=((P2&0x1f)|0xe0);
```

```
        P0＝tab[dspbuf[dspcom]];
        P2 &＝0x1f;
        if(＋＋dspcom＝＝8)
        {
            dspcom＝0;
        }
    }
}


//－－－－－主程序－－－－－
void main(void)
{
    unsigned charad_value;
    sys_init();
    while(1)
    {
        if(flag200ms＝＝1)
        {
            flag200ms＝0;
            init_pcf8591(0x01);
            ad_value＝read_pcf8591();
            dspbuf[5]＝ad_value/100;
            dspbuf[6]＝ad_value%100/10;
            dspbuf[7]＝ad_value%10;
            if(ad_value＜50)
            {
                P2＝((P2&0x1f)|0xa0);
                P04＝1;P06＝0;
                P2 &＝0x1f;
            }
            else
            {
                P2＝((P2&0x1f)|0xa0);
                P04＝0;P06＝0;
                P2 &＝0x1f;
            }
        }
```

```
                    }
            }

    //中断服务程序
    void isr_timer(void) interrupt 1
    {
            TL0＝0x18；
            TH0＝0xFC；
            display()；
            if(＋＋ms1＝＝200)
            {
                ms1＝0；
                flag200ms＝1；
            }
    }
```

7.3　汽车 LED 转向灯的单片机控制

　　本系统模拟实现汽车左右转向灯、双跳灯功能。通过三个按键分别控制左转向灯、右转向灯以及双 LED 按固定时间间隔亮灭。转向灯控制系统框图如图 7.12 所示。

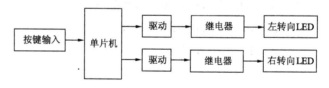

图 7.12　转向灯控制系统框图

7.3.1　转向灯控制硬件电路设计

　　系统硬件电路图如图 7.13 所示。单片机采用 AT89C51,三个按键接 P3.0、P3.1、P3.2,SW1 控制左转向灯的开关,SW2 控制右转向灯的开关,SW3 控制两个 LED 同时开关,LED 的亮灭间隔时间设置为 0.5s。ULN2003A 用来驱动继电器 RL1 和 RL2。P2.0 和 P2.1 输出高电平时,转向灯亮。

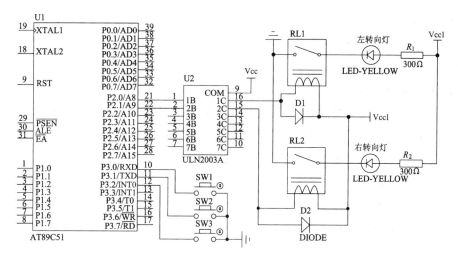

图 7.13　系统硬件电路图

7.3.2　转向灯控制程序设计

1. 主程序

主程序主要完成系统初始化、按键处理工作,并根据按键状态控制 LED 的工作状态。转向灯控制主程序流程图如图 7.14 所示。

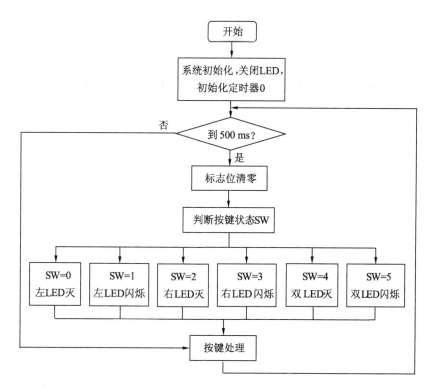

图 7.14　转向灯控制主程序流程图

2. 定时器 0 中断服务程序

中断服务程序实现定时时间为 2ms,每 20ms 扫描一次按键,每 0.5s 设置标志位为 1。

3. 按键处理子程序

按键处理子程序根据按键状态设置变量 SW 的值。按键 SW1 闭合,变量 SW 的值在 0、1 之间切换;按键 SW2 闭合,SW 的值在 2、3 之间切换;按键 SW3 闭合,SW 的值在 4、5 之间切换。主程序根据 SW 的值进行相应的 LED 控制。

源代码如下:

```
#include "reg52.h"
bit flag_1s=0;
sbit P20=P2^0;
sbit P21=P2^1;
bit led1, led2, led3;
unsigned charkey_val=0;
unsigned char s1_state;
unsigned char s2_state;
unsigned char s3_state;
unsigned int ms1, ms2;
unsigned char sw;

void Timer0Init(void)              //定时 2ms@12.000MHz
{
    TMOD &=0xF0;
    TMOD |=0x01;
    TL0=0x30;
    TH0=0xF8;
    TF0=0;
    TR0=1;
}

void sys_init(void)                //系统初始化
{
    P20=0;
    P21=0;
    Timer0Init();
    ET0=1;
```

```
    EA=1;
}


void scan_key(void)                //按键扫描子程序
{
    static unsigned charkey_st=0;
    switch(key_st)
    {
        case 0：
            if((P3&0x0F)!=0x0F)
            {
                key_st=1;
            }
            break;
        case 1：
            if((P3&0x0F)!=0x0F)
            {
                key_st=2;
                if((P3&0x0F)==0x0E)        key_val=1;
                else if((P3&0x0F)==0x0D) key_val=2;
                else if((P3&0x0F)==0x0B) key_val=3;
                else if((P3&0x0F)==0x07) key_val=4;
            }
            else
            {
                key_st=0;      //按键抖动
            }
            break;
        case 2：
            if((P3&0x0F)==0x0F)
            {
                key_st=0;
            }
            else
            {

                ;
```

```
            }
        break;
    }
}


void key_process(void)          //按键处理子程序
{
    switch(key_val)
    {
        case 1:
            s1_state++;
            if(s1_state==2)
            { s1_state=0; }
            sw=s1_state%6;
            key_val=0;
            break;
        case 2:
            s2_state++;
            if(s2_state==2)
            { s2_state=0; }
            sw=(s2_state+2)%6;
            key_val=0;
            break;
        case 3:
            s3_state++;
            if(s3_state==2)
            { s3_state=0; }
            sw=(s3_state+4)%6;
            key_val=0;
            break;
    }
}


void main(void)                 //主程序
{
    sys_init();
```

```
while(1)
{
    if(flag_1s==1)
    {
        flag_1s=0;
        switch(sw)
        {
            case 0：
                P20=0;
                P21=0;
                break;
            case 1：
                led1=~led1;
                P20=led1;
                P21=0;
                break;
            case 2：
                P20=0;
                P21=0;
                break;
            case 3：
                led2=~led2;
                P21=led2;
                P20=0;
                break;
            case 4：
                P20=0;
                P21=0;
                break;
            case 5：
                led3=~led3;
                P20=led3;
                P21=led3;
                break;
        }
    }
```

```
        key_process();
    }
}

void isr_timer(void) interrupt 1   //定时器 0 中断处理子程序
{
    TL0=0x30;
    TH0=0xF8;
    if(++ms1==10)
    {
        ms1=0;
        scan_key();
    }
    if(++ms2==250)
    {
        ms2=0;
        flag_1s=1;
    }
}
```

7.4　本章小结

　　本章主要通过三个应用举例,介绍基于单片机的 LED 控制技术。第一,通过按键设置 LED 彩灯的工作模式,并可以在各工作模式间切换,同时通过调节电位器,可以改变输入给 LED 的信号占空比,进而调节 LED 亮度。第二,光敏电阻阻值随环境光强的变化而变化,经过 A/D 转换之后送到单片机,光线强,A/D 转换值较大;反之,A/D 转换值较小,单片机对读取的 A/D 转换结果进行判断,当小于预设的阈值时,点亮 LED,因此实现了环境光强对 LED 开关的自动控制。第三,利用单片机实现汽车的 LED 转向灯控制。左、右转向灯以及双跳灯分别由一个按键控制开关,单片机读取按键状态,选择对应的 LED,按照定时器规定的时间间隔闪烁。

参 考 文 献

[1] 房海明.LED 灯具设计与案例详解[M].北京:机械工业出版社,2014.

[2] 方志烈.半导体照明技术[M].北京:电子工业出版社,2009.

[3] 陈元灯.LED 制造技术与应用[M].北京:电子工业出版社,2007.

[4] 迟楠.LED 可见光通信技术[M].北京:清华大学出版社,2013.

[5] 顾济华,吴丹,周皓.光电子技术[M].苏州:苏州大学出版社,2018.

[6] 蒋金波,杜雪,李荣彬.LED 路灯透镜的二次光学设计介绍[J].照明工程学报, 2008,19(4):59-65.

[7] 闫瑞,肖志松,邓思盛,等.LED 光学设计的现状与展望[J].照明工程学报, 2011,22(2):38-42.

[8] 梁程远.LED 的二次配光设计[D].浙江大学,2008.

[9] 郝翔.基于自由曲面的 LED 照明系统研究[D].浙江大学,2008.

[10] 王雅芳.LED 驱动电路设计与应用[M].北京:机械工业出版社,2011.

[11] 刘祖明.LED 照明驱动器设计案例精解[M].北京:化学工业出版社,2011.

[12] 周志敏,周纪海,纪爱华.LED 照明技术与应用电路[M].北京:电子工业出版社,2009.

[13] 周志敏,纪爱华.LED 照明技术与应用电路[M].2 版.北京:电子工业出版社,2013.

[14] 李春茂.LED 结构原理与应用技术[M].北京:机械工业出版社,2011.

[15] 耿宽宽.基于 Zigbee 的 LED 路灯控制系统的研究与设计[D].太原理工大学,2014.

[16] 陆昊.基于太阳能的路灯无线智能控制系统的研究[D].东华大学,2015.

[17] 林方盛.基于 ZigBee 和以太网 LED 路灯远程控制系统的研究与设计[D].复旦大学,2013.